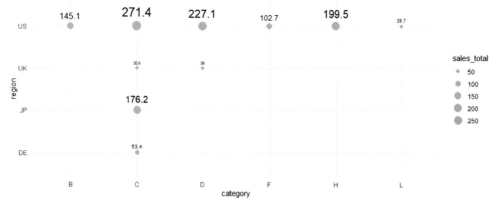

图 4-4　分类变量下的气泡图

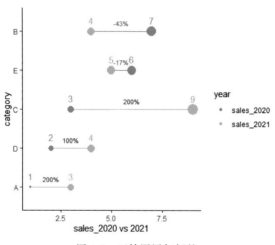

图 4-8　哑铃图添加标签

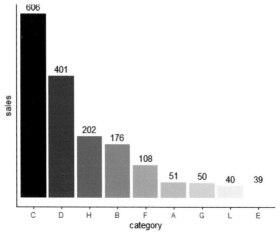

图 4-11　柱状图着色 2

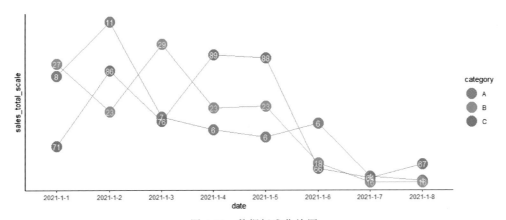

图 4-21　数据标准化绘图

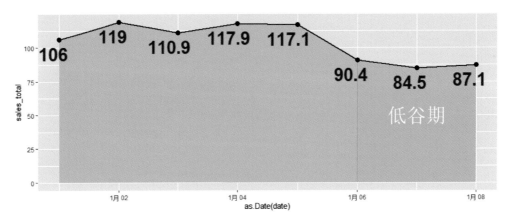

图 4-26　在面积图中高亮某区域

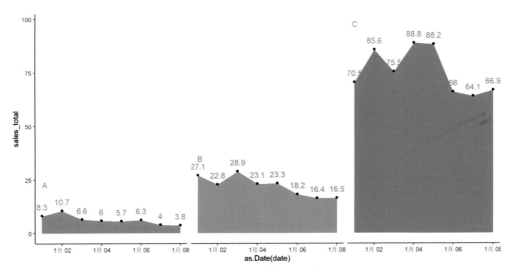

图 4-30　面积图分面显示

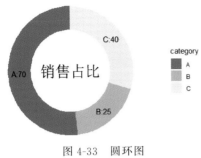
图 4-33　圆环图

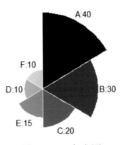
图 4-36　玫瑰图

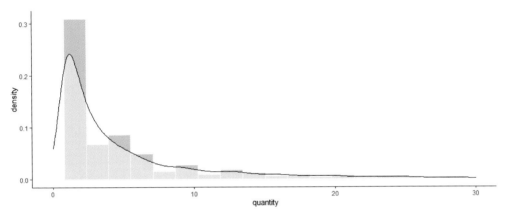
图 4-38　直方图与密度曲线

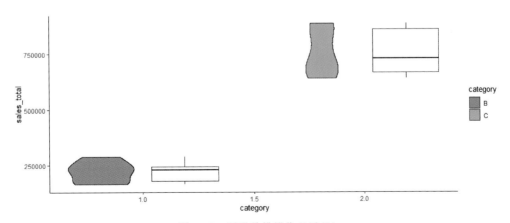
图 4-47　图形并排错位显示(1)

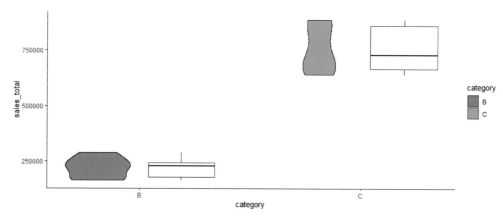

图 4-48　图形并排错位显示(2)

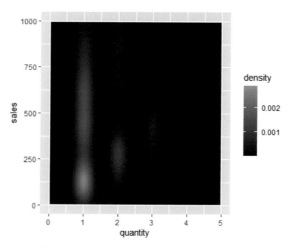

图 4-50　stat_density2d 绘制二维密度图(1)

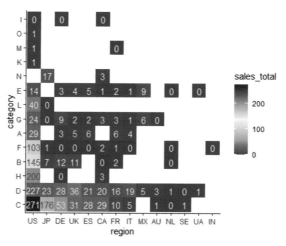

图 4-54　瓦片图坐标轴排序(2)

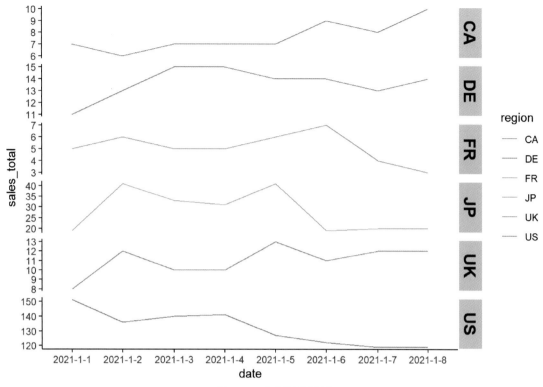

图 4-57 分面标签设置

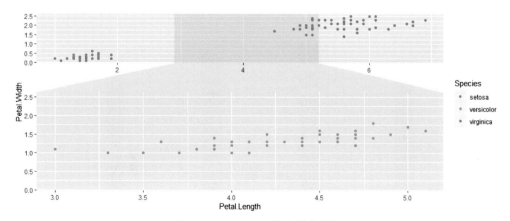

图 5-4 facet_zoom 指定放大数据

图 5-6 facet_matrix 分面

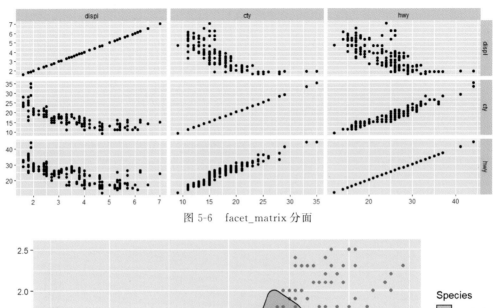

图 5-11 geom_mark_hull 设置标识区域填充色

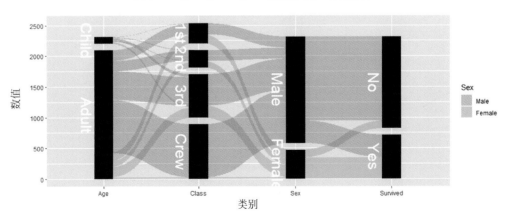

图 5-12 平行坐标轴图

图 5-13 沃罗诺伊图

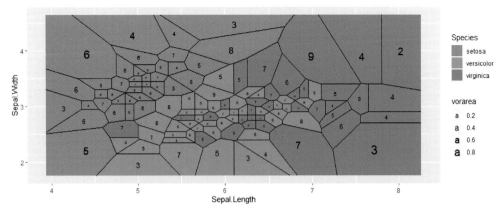

图 5-15 双坐标轴图　　　　　图 5-16 边际图

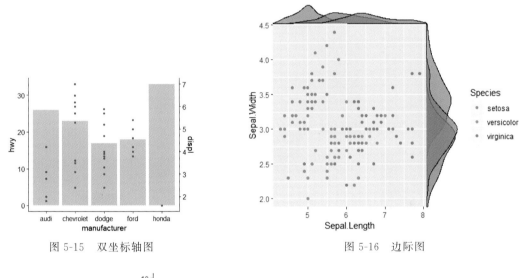

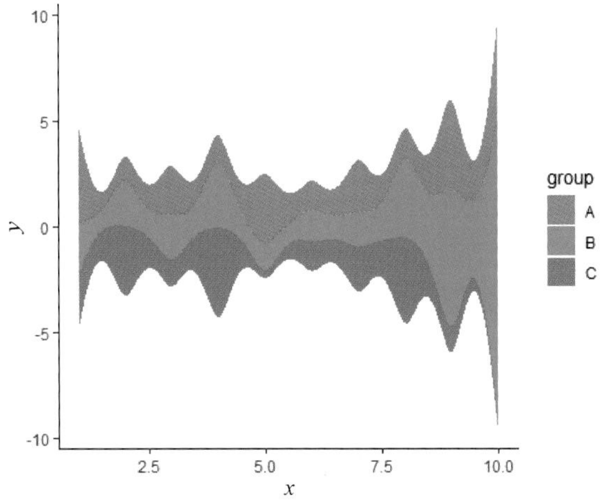

图 5-17 河流图

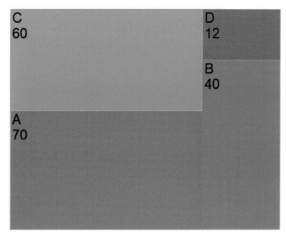

图 5-21　向树图添加标签

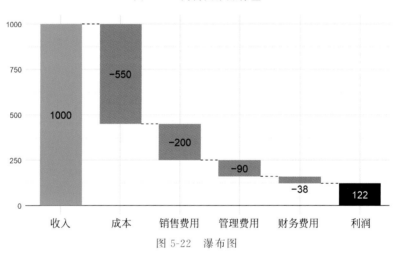

图 5-22　瀑布图

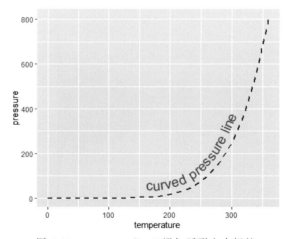

图 5-24　geom_textline()添加弧形文本标签

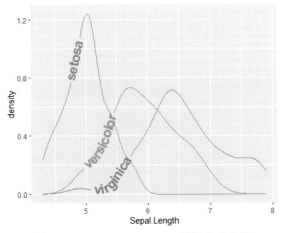

图 5-26 geom_textdensity()绘制密度曲线

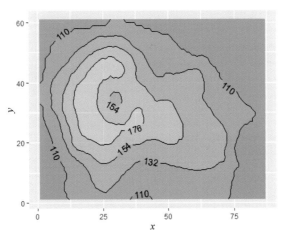

图 5-29 geom_textcontour 的用法

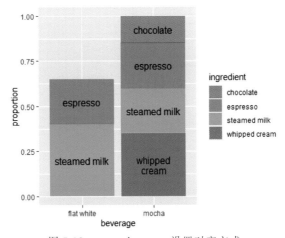

图 5-38 geom_bar_text 设置对齐方式

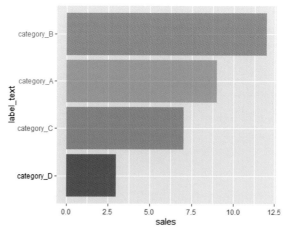

图 5-44　element_markdown()的用法

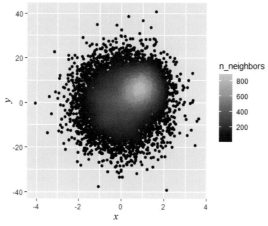

图 5-50　点图和密度热力图

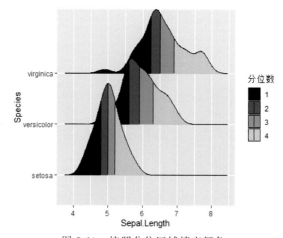

图 5-60　按照分位区域填充颜色

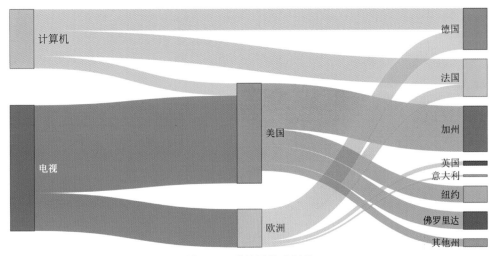

图 5-77 桑基图格式调整

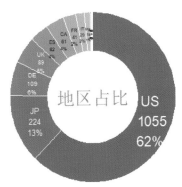

图 6-4 地区销售额占比图

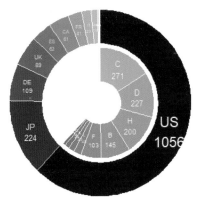

图 6-6 多层甜甜圈图

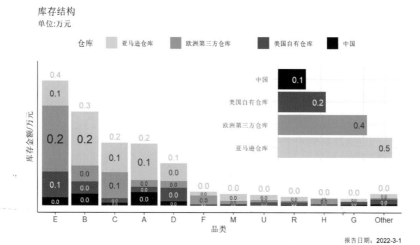

图 6-10 优化后库存结构图增加子图

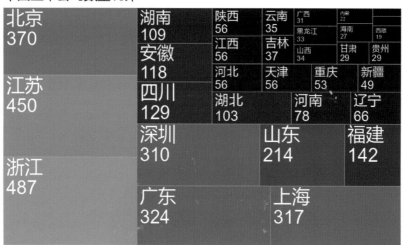

图 6-17 各地区上市公司数量统计

计算机技术开发与应用丛书

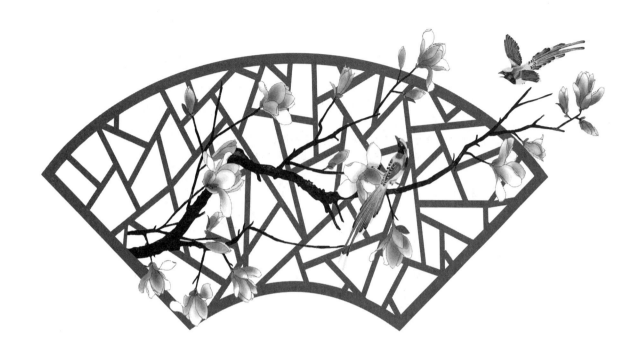

R语言数据处理及可视化分析

杨德春 ◎ 编著

清华大学出版社
北京

内 容 简 介

本书以常见的 R 语言数据处理方法、ggplot2 可视化为主线，希望解决大多数 R 语言学习者在学习过程中碰到的难点问题。本书以实战为目的，聚焦 R 语言本身数据处理、可视化的特点，以一个个例子循序渐进地讲述 R 语言数据处理及可视化中用到的经典软件包，以便读者能快速将所学内容运用到实际场景中。

本书共 6 章，第 1~3 章分别介绍 R 语言及其软件安装、数据可视化入门、数据存储结构及数据处理方法；第 4 章和第 5 章分别介绍 ggplot2 可视化技巧、常见 ggplot2 增强包的使用方法；第 6 章数据可视化分析示例对数据处理及可视化技巧综合运用进行介绍；附录 A 简要介绍 rmarkdown 及大数据处理神器 data.table 包。

本书侧重数据处理及可视化在日常工作和学习中的运用，以降低读者的学习难度。本书为 R 语言的入门书，也可供对于财务分析、经营分析、商业分析、数据分析等有一定经验的读者参考。

本书封面贴有清华大学出版社防伪标签，无标签者不得销售。
版权所有，侵权必究。举报：010-62782989，beiqinquan@tup.tsinghua.edu.cn。

图书在版编目(CIP)数据

R 语言数据处理及可视化分析/杨德春编著. —北京：清华大学出版社，2023.10
（计算机技术开发与应用丛书）
ISBN 978-7-302-64172-8

Ⅰ. ①R… Ⅱ. ①杨… Ⅲ. ①程序语言－程序设计 Ⅳ. ①TP312

中国国家版本馆 CIP 数据核字(2023)第 132212 号

责任编辑：赵佳霓
封面设计：吴 刚
责任校对：郝美丽
责任印制：刘海龙

出版发行：清华大学出版社
    网　　址：https://www.tup.com.cn，https://www.wqxuetang.com
    地　　址：北京清华大学学研大厦 A 座　　邮　编：100084
    社 总 机：010-83470000　　邮　购：010-62786544
    投稿与读者服务：010-62776969，c-service@tup.tsinghua.edu.cn
    质量反馈：010-62772015，zhiliang@tup.tsinghua.edu.cn
    课件下载：https://www.tup.com.cn，010-83470236
印 装 者：北京同文印刷有限责任公司
经　　销：全国新华书店
开　　本：186mm×240mm　　印　张：14　　插　页：6　　字　数：334 千字
版　　次：2023 年 11 月第 1 版　　印　次：2023 年 11 月第 1 次印刷
印　　数：1~2000
定　　价：59.00 元

产品编号：096773-01

前 言
PREFACE

R 语言强大的统计分析及可视化能力是其他语言所不能比拟的,是统计学界、医学界比较流行的分析语言。正因为如此,R 语言被蒙上了异常神秘的面纱,并且由于流行面窄,其优秀的功能不为大众所熟知,特别是在国内 R 语言基本处于不温不火的状态。

笔者使用 R 语言多年后发现:市面上的经典 R 语言书籍大多出自外国作者,由于文化、原始数据示例均来自国外,增加了学习者理解的难度;国内不少介绍 R 语言的书籍,也偏重统计等内容,而且不少书籍的内容安排对初学者不够友好;可能刚介绍完一个 R 语言知识点,接着就出现一个复杂的例子,而且理论太多,感觉学了之后,在实际工作中无法运用或者需要很长的酝酿期。

基于上述内容,本书希望解决大多数 R 语言学习者在学习过程中碰到的难点,聚焦 R 语言本身数据处理、可视化特点,以举例子的方式循序渐进地讲述 R 语言数据处理及可视化中用到的经典软件包,以便读者能快速将所学内容运用到实际工作中。

本书主要内容

第 1 章介绍 R 语言入门内容,主要介绍 R 语言是什么、软件的具体安装过程及需要注意的问题。

第 2 章介绍 R 语言数据可视化入门知识,主要简要介绍 R 语言 ggplot2 可视化基本语法、例子,以便给读者一个大体印象,激励读者继续学习。理论上应该在第 1 章的基础上讲解数据处理方法,但其是一个枯燥抽象的过程,初学者难以坚持,容易半途而废。

第 3 章介绍数据储存结构及数据处理(重点章节),介绍 R 语言中的数据存储结构、数据处理经典包。可视化分析需要数据输入,实际情况中的数据基本上需要重塑处理才能可视化,因此学习可视化分析的重要环节是掌握一定的数据处理技巧。

第 4 章介绍 ggplot2 可视化(重点章节)。以常用图形开始,逐个讲解 ggplot2 中各类图形绘制的具体语法和关键点。最后介绍图形的美化等工作(坐标轴、颜色、图例等的调整)。

第 5 章介绍 ggplot2 增强包。由于 ggplot2 非常流行,为了满足更为广泛的功能需求,不同作者围绕 ggplot2 开发了增强包,如 ggforce、rplotly、ggstream 等,本章将对此进行介绍。

第 6 章介绍数据可视化分析示例,介绍 R 语言在实际使用过程中的运用实例,按照由难到易的顺序运用本书前几章所学的内容,涉及外部数据采集、数据整合、分析可视化等内容。

附录 A 简要介绍 rmarkdown 环境，以便满足部分读者希望 R 语言直接生成报告的需求。另外，介绍数据量在吉字节级别的处理神器 data.table 包。

阅读建议

笔者从事财务分析、经营分析、数据挖掘多年，以非统计、医学等专业视角介绍 R 语言，把它视作 Excel、Python、Tableau、数据库等同类分析工具介绍给大家，侧重数据处理及可视化在日常工作和学习中的运用，降低学习难度。扫描目录上方的二维码可下载本书源码。

相信本书对数据分析有兴趣或从业者学习 R 语言有一定帮助；对于财务分析、经营分析、商业分析等有一定经验的读者，如果想突破 Excel、Tableau 等数据处理及可视化瓶颈，则本书也是不错的选择。当然，本书没有涉及统计、医学等专业领域特定的软件包，但对于该领域的读者学习数据处理及 ggplot2 绘图还是有积极借鉴意义的。

致谢

感谢我的父母及妻子，在我写作的过程中承担了全部的家务并照顾小孩儿，使我可以全身心地投入写作工作。感谢清华大学出版社赵佳霓编辑，在写作过程中不厌其烦地指点修正版式、结构等内容。

由于时间仓促，书中难免存在不妥之处，请读者见谅，并提宝贵意见。

杨德春

2023 年 8 月 15 日

目录
CONTENTS

本书源码

第 1 章　R 语言介绍及软件安装 ·· 1
　1.1　R 语言介绍 ··· 1
　1.2　R 软件及 RStudio 软件安装 ·· 2
　　1.2.1　R 软件安装 ··· 2
　　1.2.2　RStudio 软件安装 ··· 4
　　1.2.3　R 及 RStudio 界面介绍 ··· 5
　　1.2.4　关于 R 语言程序包 ·· 7
　　1.2.5　R 语言基础运算 ··· 8

第 2 章　R 语言数据可视化入门 ··· 12
　2.1　散点图 ·· 12
　2.2　柱形图及条形图 ··· 15
　2.3　折线图 ·· 17
　2.4　饼图 ··· 17
　2.5　直方图 ·· 18
　2.6　热力图 ·· 19
　2.7　其他图形 ··· 20

第 3 章　数据储存结构及数据处理 ··· 23
　3.1　数据框 ·· 23
　3.2　向量 ··· 24
　3.3　列表 ··· 24
　3.4　矩阵 ··· 25

- 3.5 readr 包介绍 ······ 26
  - 3.5.1 read_csv()函数 ······ 26
  - 3.5.2 其他主要函数 ······ 27
- 3.6 tidyr 包 ······ 27
  - 3.6.1 expand_grid()函数 ······ 27
  - 3.6.2 drop_na()函数 ······ 28
  - 3.6.3 replace_na()函数 ······ 29
  - 3.6.4 extract()函数 ······ 30
  - 3.6.5 fill()函数 ······ 30
  - 3.6.6 gather()函数 ······ 31
  - 3.6.7 pivot_longer()函数 ······ 32
  - 3.6.8 spread()函数 ······ 33
  - 3.6.9 pivot_wider()函数 ······ 33
- 3.7 dplyr 包 ······ 34
  - 3.7.1 select()函数 ······ 34
  - 3.7.2 filter()函数 ······ 38
  - 3.7.3 mutate()函数 ······ 39
  - 3.7.4 group_by()与 summarise()函数 ······ 43
  - 3.7.5 arrange()函数 ······ 45
  - 3.7.6 join()函数集合 ······ 46
  - 3.7.7 R 语言循环及判断 ······ 48
- 3.8 map()函数群 ······ 49

第 4 章 ggplot2 可视化介绍 ······ 52
- 4.1 散点图 ······ 52
- 4.2 散点图局部放大 ······ 54
- 4.3 气泡图 ······ 57
- 4.4 棒棒糖图 ······ 59
- 4.5 哑铃图 ······ 60
- 4.6 柱状图 ······ 63
- 4.7 柱状图填充色调整 ······ 65
- 4.8 堆积柱状图 ······ 68
- 4.9 百分比柱状图 ······ 69
- 4.10 条形图 ······ 71
- 4.11 折线图 ······ 73
- 4.12 折线图强调某些序列 ······ 74

- 4.13 折线图添加拟合曲线 ·········· 77
- 4.14 折线图显示不同纲量数据 ·········· 78
- 4.15 阶梯图 ·········· 81
- 4.16 面积图 ·········· 83
- 4.17 多系列面积图 ·········· 85
- 4.18 饼图 ·········· 90
- 4.19 圆环图 ·········· 91
- 4.20 玫瑰图 ·········· 93
- 4.21 直方图 ·········· 94
- 4.22 密度曲线 ·········· 96
- 4.23 累计密度曲线 ·········· 98
- 4.24 箱线图 ·········· 99
- 4.25 向箱线图添加槽口和平均值 ·········· 102
- 4.26 箱线图＋散点图 ·········· 103
- 4.27 不等宽箱线图 ·········· 104
- 4.28 小提琴图 ·········· 105
- 4.29 小提琴图与箱线图叠加显示 ·········· 107
- 4.30 小提琴图与箱线图水平并列显示 ·········· 108
- 4.31 二维密度图 ·········· 110
- 4.32 分面 ·········· 117

第 5 章　ggplot2 增强包介绍 ·········· 121

- 5.1 ggforce 包介绍 ·········· 121
  - 5.1.1 ggforce 中的分面 ·········· 124
  - 5.1.2 标注区域 ·········· 126
  - 5.1.3 平行集合图 ·········· 129
  - 5.1.4 沃罗诺伊图 ·········· 131
- 5.2 cowplot 包介绍 ·········· 132
  - 5.2.1 添加脚注 ·········· 132
  - 5.2.2 双坐标轴图 ·········· 133
  - 5.2.3 图形添边际密度图 ·········· 133
- 5.3 ggstream 包介绍 ·········· 135
- 5.4 ggrepel 包介绍 ·········· 136
- 5.5 treemapify 包介绍 ·········· 137
- 5.6 waterfalls 包介绍 ·········· 139
- 5.7 geomtextpath 包介绍 ·········· 140

    5.7.1 geom_textpath 函数 ·················· 140
    5.7.2 geom_textline 函数 ·················· 141
    5.7.3 geom_textdensity 函数 ·················· 142
    5.7.4 geom_textsmooth 和 geom_labelsmooth ·················· 144
    5.7.5 geom_contour_filled 和 geom_textcontour ·················· 145
    5.7.6 添加带标签的参考线 ·················· 146
  5.8 ggfittext 包介绍 ·················· 148
  5.9 ggtext 包介绍 ·················· 155
    5.9.1 在 theme() 函数中使用 element_markdown() ·················· 155
    5.9.2 在 theme() 函数中使用 element_textbox() ·················· 156
  5.10 ggbreak 包介绍 ·················· 159
  5.11 ggpointdensity 包介绍 ·················· 161
  5.12 ggridges 包介绍 ·················· 164
  5.13 ggmosaic 包介绍 ·················· 169
  5.14 ggcharts 包介绍 ·················· 170
    5.14.1 ggcharts 包对分面优化 ·················· 170
    5.14.2 棒棒糖图 ·················· 172
    5.14.3 哑铃图 ·················· 173
    5.14.4 正负值条形图 ·················· 174
    5.14.5 正负值棒棒糖图 ·················· 175
    5.14.6 金字塔图 ·················· 176
  5.15 patchwork 包介绍 ·················· 177
  5.16 绘图相关的其他包介绍 ·················· 180

第 6 章 数据可视化分析示例 ·················· 184

  6.1 销售数据分析 ·················· 184
    6.1.1 日均销售研究 ·················· 184
    6.1.2 销售结构研究 ·················· 188
  6.2 库存结构分析 ·················· 193
  6.3 中国上市公司分析 ·················· 198
    6.3.1 数据获取及清洗 ·················· 200
    6.3.2 上市公司数量概况 ·················· 204
    6.3.3 上市公司收入概况 ·················· 206

附录 A rmarkdown 及 data.table 包 ·················· 210

  A.1 rmarkdown 介绍 ·················· 210
  A.2 data.table 包介绍 ·················· 213

第1章 R语言介绍及软件安装

1.1 R语言介绍

R语言是开源(免费)的一款软件,主要用于统计计算及绘图,这是通常对R语言的理解。

R语言本来是由来自新西兰奥克兰大学的Ross Ihaka和Robert Gentleman开发的,因两人名字都是以R开头的,所以也因此形象地称为R。R语言诞生后随着不断地开发程序,版本更新存档成为问题,维也纳工业大学的Kurt Hornik承担了这个任务,在维也纳建立了R程序的归档,这使程序版本的发布变得更加规范,同时世界各地也出现了R程序的镜像。

随着时间的推移,于1997年中期R核心团队正式成立,包含11位早期成员。现在R语言版本依然还是由"R开发核心团队"负责开发。现有成员主要来自世界各地的大学,如牛津大学、加拿大西安大略大学等,也有来自企业的成员,例如AT&T实验室的Simon Urbanek等。R语言自身的扩展性非常强,随着发展和使用人数的增多,吸引了大量用户编写自定义的函数包供更多用户使用,这些程序包可以从世界各地的CRAM镜像上下载。

R语言是一种开发良好且简单有效的编程语言,包括条件、循环、用户定义的递归函数及输入和输出设施。R语言具有有效的数据处理和存储设施,R语言提供了一套用于数组、列表、向量和矩阵计算的运算符。R语言为数据分析提供了大型、一致和集成的工具集合。R语言提供了可以直接在计算机上或在纸张上打印图形的组件,以便于数据分析和显示。

另外,由于R语言是统计学家发明的编程语言,因此流行于统计、医学等专业领域,近年来由于不同程序包贡献者的努力,使R语言更加友好、更加适合普通用户使用。

1. 在数据处理方面

R语言与Excel、Python、关系数据库等有许多共同点,R语言的优势在于有丰富的各类函数、数据处理及可视化功能,并且以周为单位在不断发展。实现相同功能,对比其他语言,R代码量有可能大幅降低,节约了使用者的时间。由于许多大数据处理包的出现,也使R的计算能力可以充分扩展;即便是使用普通功能,在性能一般的计算机配置情况下,处理几个吉字节(GB)的数据也是比较轻松的,相同情况下Excel是无能为力的,关系数据库也需要大量的表间操作，涉及冗长的 SQL 代码编写、调试、检查等巨大的工作量。

2. 在数据可视化方面

R 语言有完整的绘图体系，包含基础绘图体系、Lattice 绘图体系、ggplot2 绘图体系。上述内容，可以满足不同使用者的需求。结合自定义代码，R 语言的绘图能力可以说是没有边界的。

ggplot2 是用于绘图的 R 语言扩展包，其理念植根于 *Grammar of Graphics* 一书。它将绘图视为一种映射，即从数学空间映射到图形元素空间。例如将不同的数值映射到不同的色彩或透明度。该绘图包的特点在于并不去定义具体的图形（如直方图、散点图），而是定义各种底层组件（如线条、方块），以此来合成复杂的图形，这使它能以非常简洁的函数构建各类图形，而且默认条件下的绘图品质就能达到出版要求。

ggplot2 和 lattice 都属于高级的格点绘图包，初学 R 语言的读者可能会在二者的选择上有所疑惑。从各自特点上来看，lattice 入门较容易，作图速度较快，图形函数种类较多，例如它可以进行三维绘图，而 ggplot2 却不能。ggplot2 需要一段时间的学习，但当读者跨过这个门槛之后，就能体会到它的简洁和优雅，而且 ggplot2 可以通过底层组件构造前所未有的图形，读者所受到的限制只是自身的想象力。

ggplot2 概要内容可分为图层、标度、坐标轴等。

更加令人向往的是在 R 语言环境下：数据计算处理、统计分析、可视化等可以形成完整的操作流程。不用在不同的软件中将数据导入、计算、导出、可视化分开来处理。

1.2 R 软件及 RStudio 软件安装

安装 R 软件后即可使用 R 语言，R 语言的原生操作界面功能不太完善，一般同时会安装 RStudio 作为 R 语言操作界面。也有其他 IDE 可供选择，但是 RStudio 是当前最流行的。下面分别介绍 R 软件及 RStudio 的安装过程。

由于 R 语言程序及 RStudio 更新频率相比其他程序来讲是频繁的，基本几个月就会有更新版本发布，读者可能登录网页时会发现内容和本书有区别，但是安装过程基本一致。对于大多数使用者来讲安装及使用最新版本即可，对于老用户来讲，由于已经安装了某些小众的包，所以需要注意更新后可能存在不兼容问题。

1.2.1 R 软件安装

从 R 语言网站 CRAN 下载 R 语言程序包之后安装，下载网址为 https://cran.r-project.org/mirrors.html。选择链接中包含 China 且距离读者最近的镜像链接，单击链接后会出现如图 1-1 所示的界面，之后单击 Download R for Windows 进入下一步。

之后单击 install R for the first time，如图 1-2 所示。

最后单击 Download R 4.1.2 for Windows 即可将 R 软件程序包下载到本地计算机，如图 1-3 所示。

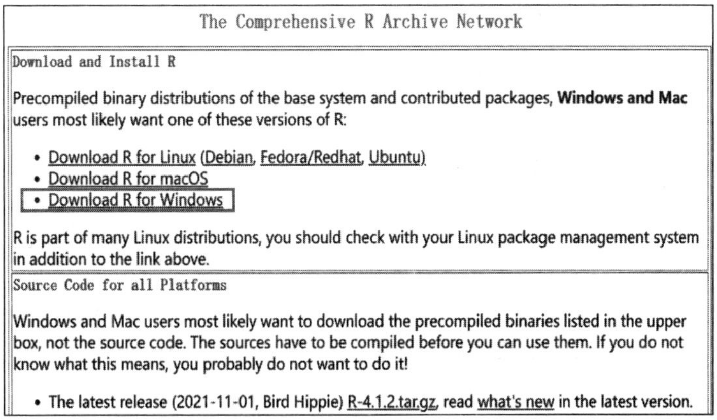

图 1-1　下载 R 程序：步骤 1

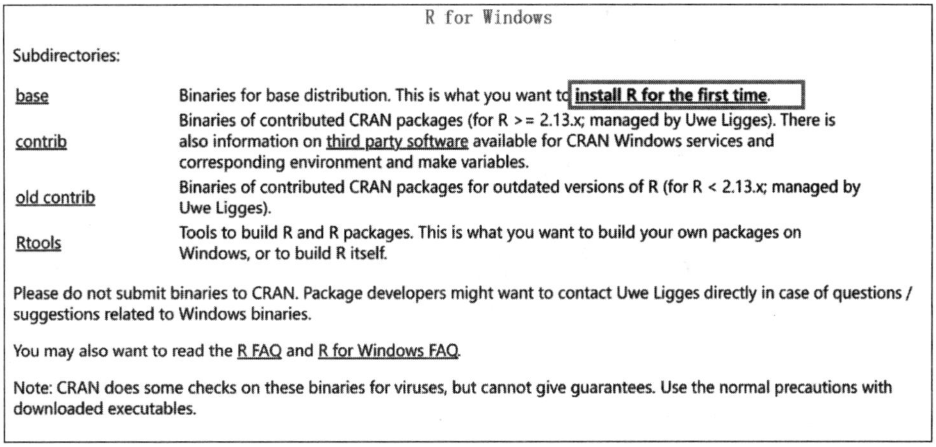

图 1-2　下载 R 程序：步骤 2

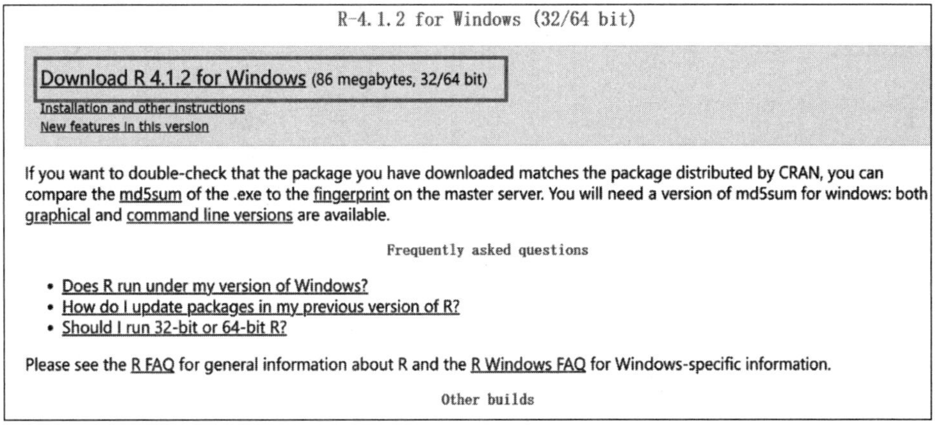

图 1-3　下载 R 程序：步骤 3

最终下载得到安装文件 R-4.1.2-win.exe，双击安装即可。安装路径不要有中文、空格、符号等，避免后续步骤错误。建议新建一个独立的文件夹，将 R 及 RStudio 均安装在此文件夹下，这样可以大概率避免二者无法关联使用的问题。

1.2.2 RStudio 软件安装

RStudio 网页在 2022 年更新为 Posit，意在强化对 Python 语言的支持，以便对数据科学有更加有力的支持。其网址为 https://posit.co/downloads/，单击右上角的 DOWNLOAD RSTUDIO，进入 RStudio 下载页面。普通用户选择免费版本 RStudio Desktop/Open Source Edition 即可，单击 DOWNLOAD RSTUDIO FOR WINDOWS 按钮进入下一步，如图 1-4 所示。

图 1-4　下载 RStudio 程序

如果计算机上安装的不是 Windows 10 操作系统，则可以在下方网页中选择与操作系统匹配的版本下载，如图 1-5 所示。

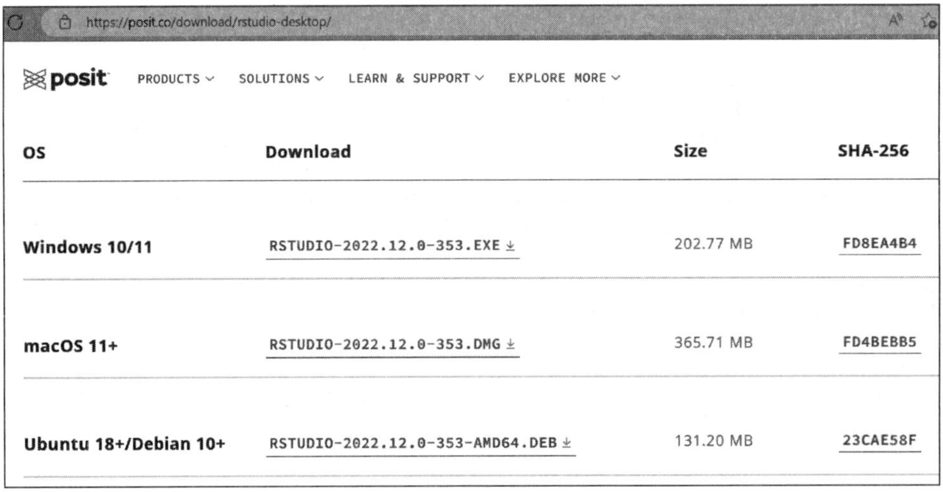

图 1-5　下载 RStudio 免费版

最终得到 RStudio 安装文件，双击将其与 R 语言安装在同一父文件夹下。

1.2.3 R 及 RStudio 界面介绍

R 软件及 RStudio 安装成功后，默认均会生成桌面快捷方式，在 Windows "开始"菜单中也会增加对应的启动图标。单击快捷方式或图标均可启动 R 软件或 RStudio 程序。接下来分别介绍各自的操作界面。

首先，介绍 R 软件界面。由于本书以 RStudio 为主要的操作界面，因此对 R 软件操作界面只进行简单介绍。打开 R 软件程序后会出现默认操作界面，默认会出现一系列 R 语言版本等提示信息，使用菜单栏中"编辑"菜单下的"清空控制台"可以将屏幕内容清空，或按快捷键 Ctrl+L 也可以实现该功能。R Console 一般称为控制台，输入 plot(mtcars) 后按 Enter 键，右侧会显示散点图矩阵。初学者对此图暂时不理解，不要紧张，此处仅仅告诉读者 R 语言的运行就这么简单，相信学习到后面会觉得这是个非常简单的例子，如图 1-6 所示。

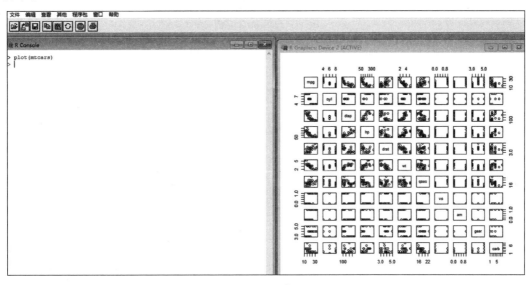

图 1-6　R 程序界面

在控制台中，读者可以尝试着进行数学运算，如计算"1+2"之后按 Enter 键会得到结果"3"。输入 print("hello world") 后按 Enter 键会返回结果"hello world"。学习一门新编程语言时许多编程语言实现的第 1 个程序是打印"hello world"，这里算是跟一下风。

其次，介绍 RStudio 软件界面。分别是菜单栏、快捷菜单栏、控制台、环境窗口、文件窗口等，如图 1-7 所示。可以在控制台输入 R 代码，这和 R 软件中在控制台输入代码类似。对于复杂代码则需要在脚本窗口编写，因为控制台只适合编写简单的短代码，不适合编写代码块，例如控制台中长代码换行时，软件执行的是运行代码动作，这个不是读者需要的。具体界面如图 1-7 所示。

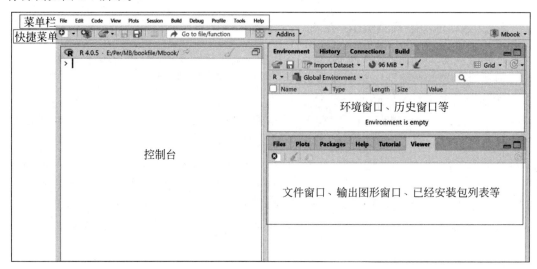

图 1-7　RStudio 界面

单击左侧快捷菜单栏中的图标，新建一个 R Script 窗口，也就是 R 脚本窗口，如图 1-8 所示。

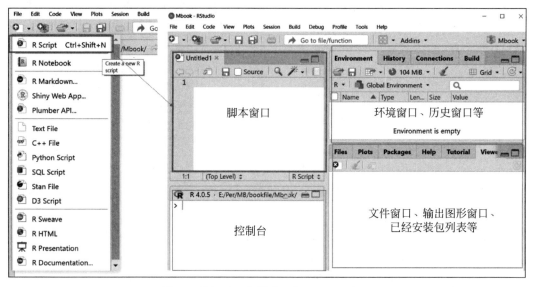

图 1-8　RStudio 中新建一个 R Script 窗口

后续大部分代码将在脚本窗口编写，因此对这个窗口读者一定要熟知。R 脚本窗口左侧是保存按钮，Run 用于运行代码，一般选择代码区域后选择 Run 或者按快捷键 Ctrl＋Enter 执行被选中的代码，窗口界面如图 1-9 所示。

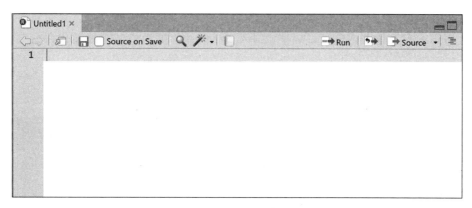

图 1-9　RStudio 脚本窗口

1.2.4　关于 R 语言程序包

R 语言程序包是一组打包好的 R 代码，其中包含不同的功能及数据集，实际使用的主要是其中的函数。读者可以直接安装程序包，原理是从 R 程序托管网站下载 R 代码包，之后安装到计算机中。下载 CRAN 上的 R 软件包后使用 install_packages("包名")，之后通过 library("包名")加载到 R 环境中，之后就可以调用其中的代码和数据集了。

本书后面的内容均在 RStudio 脚本窗口中进行。RStudio 会调用 R 语言程序，这个过程用户无须做任何额外操作，知道这一机制就可以了。

接下来以安装现在流行的可视化包 ggplot2 为例进行介绍，具体步骤如下。

首先安装 ggplot2 程序包。单击左侧快捷菜单栏中的 ，新建 R 脚本，在脚本窗口输入代码 install.packages("ggplot2")，选择代码后单击 Run 按钮或按快捷键 Ctrl＋Enter，等待程序安装。当出现包含 successfully 提示时表示程序安装成功，如图 1-10 所示。

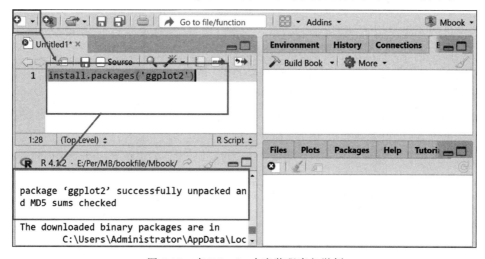

图 1-10　在 RStudio 中安装程序包举例

接下来调用刚才安装的程序包 ggplot2，之后查看 diamonds 数据源。通常称为数据集或 data.frame，其实读者现阶段可以把它理解为 Excel 中的表格。随后的代码绘制了一个直方图。这大致就是在 R 环境绘图的过程，操作比较简单，如图 1-11 所示。

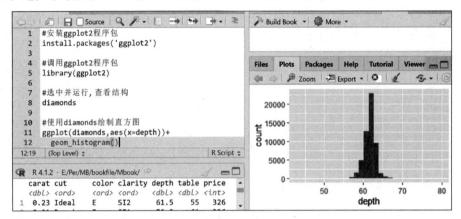

图 1-11　RStudio 使用方法举例

后面的章节就是在这个逻辑的基础上增加对数据的处理。绘图需要整洁的数据，但在实际情况中获得的原始数据一般不满足这些要求，因此数据处理对可视化流程至关重要。随后的章节将学习各种图形的绘制、图形元素美化等内容。

理解及掌握了各类图形的绘制方式，以及这些图形通常呈现出来的意义，加上不断练习，当读者面对具体数据时就能构想使用什么图形来可视化更合适，加上对数据关联的现实场景的理解、结合定性文字描述总结，就能形成完整的分析。最后以 PowerPoint 或其他文档方式，就能生成可对外分享的完整分析报告。

1.2.5　R 语言基础运算

R 语言的变量类型常见的有双整型（double）、整型（integer）、字符型（character）、逻辑型（logical）。某个对象是什么类型，可以使用 typeof() 函数进行查看。

双整型用于储存普通数值型数据，可以是正数、负数，可以带小数点。R 语言中输入的数值都默认以 double 型存储。它常被称为数值型 numeric。

整型用于储存正数。在 R 语言中以在数字后面加上大写字母 L 的方式，指明该数字以整型方式储存，在编程或函数输入时这种方式较为常见。

字符型向量用以储存文本，在 R 语言中字符加双引号，表示字符型向量中的单个元素被称为字符串（string）。字符串不仅可以包含英文字母，也可以由数字或符号组成。

逻辑型用以储存 TRUE（真）和 FALSE（假），在 R 语言中大写的 TRUE 和 FALSE 或者大写的 T 和 F 都被理解为逻辑型数据。

对于数值型变量，可以进行各种数据计算，R 语言支持的数学运算包含常见的加法（＋）、减法（－）、除法（/）、乘法（*）、整除（%/%）、整除求余（%%）、乘方运算（^）等操作，代码如下：

```
#代码1-1 R语言中常见的计算功能
#加法:结果为6
1+2+3
##[1] 6
#减法:结果为2
3-1
##[1] 2
#除法:结果为1.5
3/2
##[1] 1.5
#乘法:结果为10
5*2
##[1] 10
#整除:保留除法结果中的整数部分,结果为2
5%/%2
##[1] 2
#整除求余:保留除法结果中的余数部分,结果为1
5%%2
##[1] 1
#乘方运算:5的2次方,结果为25
5^2
##[1] 25
```

R语言也支持一般编程中常见的关系运算。">"用于判断第1个向量的每个元素是否大于第2个向量的相对应元素。"<"用于判断第1个向量的每个元素是否小于第2个向量的相对应元素。"=="用于判断第1个向量的每个元素是否等于第2个向量的相对应元素。"!="用于判断第1个向量的每个元素是否不等于第2个向量的相对应元素。"/>="用于判断第1个向量的每个元素是否大于或等于第2个向量的相对应元素。"<="用于判断第1个向量的每个元素是否小于或等于第2个向量的相对应元素。向量一般通过c()函数新建,R语言中生成对象并赋值使用符号"<-"。比较运算例子的代码如下:

```
#代码1-2 R语言中的关系运算
x <- c(1,2,6)
y <- c(4,3,1)
#判断x中的元素是否大于y中的元素,结果为FALSE FALSE TRUE
x > y
##[1] FALSE FALSE TRUE
#判断x中的元素是否小于y中的元素,结果为TRUE TRUE FALSE
x < y
##[1] TRUE TRUE FALSE
#判断x中的元素是否等于y中的元素,结果为FALSE FALSE FALSE
x == y
##[1] FALSE FALSE FALSE
#判断x中的元素是否不等于y中的元素,结果为TRUE TRUE TRUE
x != y
##[1] TRUE TRUE TRUE
```

```
# 判断 x 中的元素是否大于或等于 y 中的元素,结果为 FALSE FALSE TRUE
x >= y
## [1] FALSE FALSE TRUE
# 判断 x 中的元素是否小于或等于 y 中的元素,结果为 TRUE TRUE FALSE
x <= y
## [1] TRUE TRUE FALSE
```

上面是针对向量间的比较,用法也可以扩展到 R 语言中最常用的数据框 data.frame 中。在下面的例子中使用 data.frame()函数新建数据框,之后针对数据框中的某一列或者表述为某一变量进行关系运算,代码如下:

```
# 代码 1-3 R 语言中变量的运算
df <- data.frame(category = c('a','b','c','d'), amount = c(1,4,2,6))
# 判断数据框 df 中的变量 amount 是否大于 3,结果为 FALSE TRUE FALSE TRUE
df $ amount > 3
## [1] FALSE TRUE FALSE TRUE
# 可以通过判断在数据框中新增加变量
df $ type <- ifelse(df $ amount > 3, '大于 3', '小于 3')
```

数据框的其他比较运算与向量比较运算基本类似,在此不再详述。

下面介绍 R 语言中常用的逻辑运算符号:

"&"是元素逻辑"与"运算符,将第 1 个向量的每个元素与第 2 个向量的相对应元素进行组合,如果两个元素都为 TRUE,则结果为 TRUE,否则为 FALSE。"&"与其他编程语言中的 and 的作用一致,用于多个条件判断中每个条件都是 TRUE 时返回值为 TRUE。

"|"是元素逻辑"或"运算符,将第 1 个向量的每个元素与第 2 个向量的相对应元素进行组合,如果两个元素中有一个为 TRUE,则结果为 TRUE,如果都为 FALSE,则返回 FALSE。"|"与其他编程语言中的 or 作用一致,用于多个条件判断中任意条件都是 TRUE 时返回值为 TRUE。

"!"是逻辑"非"运算符,用于返回向量的每个元素相反的逻辑值,如果元素为 TRUE,则返回 FALSE,如果元素为 FALSE,则返回 TRUE。R 语言中用于获取条件判断的相反值,如 1>2 的返回值为 FALSE,!(1>2)的返回值为 TRUE。

"&&"是逻辑"与"运算符,只对两个向量的第 1 个元素进行判断,如果两个元素都为 TRUE,则结果为 TRUE,否则为 FALSE。

"||"是逻辑或运算符,只对两个向量的第 1 个元素进行判断,如果两个元素中有一个为 TRUE,则结果为 TRUE,如果都为 FALSE,则返回 FALSE。

"%in%"为"包含"运算符,如"a %in% c('a','b','c')",返回值为 TRUE,是较为常用的判断是否包含的逻辑运算符号。

对向量 df_1、df_2 进行交集运算,返回 TRUE、TRUE、FALSE、TRUE,代码如下:

```
# 代码 1-4 R 语言中向量运算 1
df_1 <- c(1,9,FALSE,7)
```

```
df_2 <- c(7,10,FALSE,1)
print(df_1 & df_2)
##[1] TRUE TRUE FALSE TRUE
```

对向量 df_1、df_2 进行 & 运算,其中数值被视作 TRUE,因此下面的运算结果都为 TRUE,代码如下:

```
#代码1-5 R语言中向量运算2
df_1 <- c(1,9,5,7)
df_2 <- c(4,10,3,8)
print(df_1 & df_2)
##[1] TRUE TRUE TRUE TRUE
```

对向量 df_1、df_2 进行逻辑或运算,因此 df_1 、df_2 对应的两两元素中只要其一个为 TRUE,则结果为 TRUE。同样地其中的数值被视作 TRUE,代码如下:

```
#代码1-6 R语言中向量运算3
df_1 <- c(1,FALSE,5,7)
df_2 <- c(4,TRUE,3,8)
print(df_1|df_2)
##[1] TRUE TRUE TRUE TRUE
```

&& 和 || 只比较向量中的第 1 个元素,代码如下:

```
#代码1-7 R语言中向量运算4
df_1 <- c(1,FALSE,5,7)
df_2 <- c(4,TRUE,3,8)
print(df_1&&df_2)
## Warning in df_1 && df_2: 'length(x) = 4 > 1' in coercion to 'logical(1)'

## Warning in df_1 && df_2: 'length(x) = 4 > 1' in coercion to 'logical(1)'
##[1] TRUE
df_1 <- c(FALSE,FALSE,5,7)
df_2 <- c(TRUE,TRUE,3,8)
print(df_1&&df_2)
## Warning in df_1 && df_2: 'length(x) = 4 > 1' in coercion to 'logical(1)'
##[1] FALSE
```

%in% 操作符用于判断是否包含,如果包含,则返回值为 TRUE,代码如下:

```
'a' %in% c('a','b','c','d')
##[1] TRUE
```

! 是逻辑非运算符,表示取计算的相反值,下面的计算结果的返回值为 FALSE:

```
!('a' %in% c('a','b','c','d') )
##[1] FALSE
```

第 2 章 R 语言数据可视化入门

按照第 1 章提到的逻辑,应该先介绍数据处理方面的内容,之后介绍可视化,但是考虑到平缓学习曲线,先介绍可视化部分相关的简单内容,便于读者保持学习兴趣。后面再介绍数据处理及相对深入的可视化内容。

本章介绍 R 语言可视化流行包 ggplot2 常见的图形及对应的运用场景。例子都尽可能精简,便于降低读者理解的难度。为了减少代码量,绘图时没有用过多的修饰成分,所绘图形显得相对粗糙。对于初学者学习,这个舍弃是有益的。后面章节会有完整的详细介绍,对这部分暂时舍弃的内容给予补充介绍。

使用 ggplot2 首先需要在脚本窗口输入 library(ggplot2),将 ggplot2 加载到 R 运行环境。ggplot2 绘图的核心结构:ggplot(数据集,aes($x=x$ 轴要展示的变量,$y=y$ 轴要展示的变量))+geom_要绘制图形类别名称()。运行 ggplot(数据集,aes($x=x$ 轴要展示的变量,$y=y$ 轴要展示的变量))将会出现空白画布,之后通过 geom_xx() 添加几何对象并增加一个图层,二者通过加号连接,之后还可以通过加号增加需要的图层,并在其中绘制图形(也就是增加几何对象)。

对于 ggplot2 需要的数据集是数据框 dataframe,读者可以理解为 Excel 中的表格,变量可以理解为表格中的列。本书以实用为主,因此列和变量、行和记录等概念经常混用。

2.1 散点图

散点图主要用于表达两组数据间的关系,一般 x 轴和 y 轴线需要是连续型变量。连续型变量就是数值型变量,R 语言中有 num、double、date 等数据格式。具体通过 str() 函数可以识别数据框中每个变量具体的数据类型。ggplot2 当中使用几何对象 geom_point(),用来绘制散点图。首先通过 library() 函数将 ggplot2 程序包加载到 R 环境中。由于需要使用外部数据,因此需要加载 readr 包,以便使用其中的 read_csv() 函数将外部 CSV 文件数据导入 R 环境,注意文件路径格式的书写方式与 Windows 中看到的方式是有区别的,需要使用双斜杠。由于 CSV 文件较为通用,导入过程不容易出问题,因此本书尽可能使用这一格式。除了可以使用 readr 包中的 read_csv() 函数还可以使用基础包中的 read.csv() 函数,前者在解析某些格式时功能比较强大。下面研究具体实例数据。

观察销量与销售额关系,基本可以肯定销量与销售额呈现正比关系:希望提升销售额,增加销量是一个比较可行的办法。虽然这个似乎天然成立,但是将数据可视化并呈现出来在实际工作中非常有意义。散点图的绘图代码如下:

```
#代码 2-1 散点图
#将绘图包加载到 R 环境
library(ggplot2)
#将 readr 包加载到 R 环境,用于将 salesdata.csv 文件导入 R 环境
library(readr)
data1 <- read_csv('D://Per//MB//bookfile//Mbook//data//salesdata.csv')
ggplot(data1,aes(x = quantity,y = sales )) + geom_point()
```

代码运行的结果如图 2-1 所示。

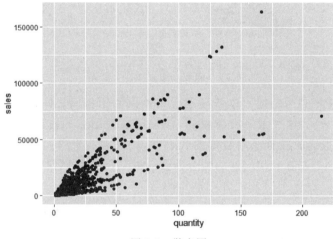

图 2-1 散点图

图 2-1 比较直观,但是最大的缺点是在左下角包含的观测值太多,并且这些观测值互相遮盖太严重。图 2-1 得出的结论是比较粗糙的,如果要更加详细的内容,则需要使用其他可视化方法:例如数据分箱、二维密度图等,也可以将数据分段之后使用数据统计方法计算销售额及销售量的关系。下面使用 geom_smooth() 添加回归拟合曲线,更加直观地反映销售量、销售额之间的关系。由于拟合曲线会自带条形区域反映置信区间,为了避免散点图被遮盖,例子中先绘制拟合曲线,之后绘制散点图,如图 2-2 所示。

```
#代码 2-2 向散点图添加拟合曲线
#将绘图包加载到 R 环境
library(ggplot2)
#将 readr 包加载到 R 环境,用于将 salesdata.csv 文件导入 R 环境
library(readr)
```

```
data1 <- read_csv('D://Per//MB//bookfile//Mbook//data//salesdata.csv')
ggplot(data1,aes(x = quantity,y = sales )) + geom_smooth() + geom_point()
```

添加拟合曲线后的散点图如图 2-2 所示。

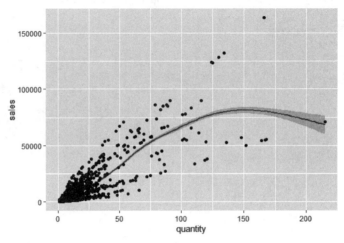

图 2-2　向散点图添加拟合曲线

通过图 2-2 中的拟合曲线可以明显地看出销量和销售额之间的正比例关系,虽然尾端拟合曲线下降,表示这种关系有所减弱,但是尾端观测点的占比相对较少。如果读者希望严格地评估拟合曲线对原始数据的代表性,则需要先计算得到回归模型,之后对模型进行评价。geom_smooth()绘制的拟合曲线有时从严格的回归分析上看拟合度不一定适当。

针对 geom_smooth()可以通过参数 fill 设置置信区间的区域填充色,通过 color 设置拟合曲线线条的颜色,通过 span 参数设置拟合曲线的平滑程度。在图 2-3 中将置信区间区域填充色设置为 lightblue,将拟合曲线颜色设置为 red,代码如下:

```
#代码 2-3 散点图拟合曲线格式调整
#将绘图包加载到 R 环境
library(ggplot2)
#将 readr 包加载到 R 环境,用于将 salesdata.csv 文件导入 R 环境
library(readr)
data1 <- read_csv('D://Per//MB//bookfile//Mbook//data//salesdata.csv')
ggplot(data1,aes(x = quantity,y = sales )) + geom_smooth (fill = 'lightblue',
                                                          color = 'red',
                                                          span = 0.1) + geom_point()
```

对散点图拟合曲线进行调整后的结果如图 2-3 所示。

通过图 2-3 对拟合曲线格式进行设置,可以更加突出希望表达的内容,当然也可以做弱化处理,这取决于读者希望表达的观点。

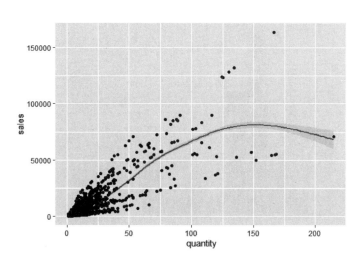

图 2-3　散点图拟合曲线格式调整

2.2　柱形图及条形图

柱形图及条形图主要用于表示对比关系，也可以用于表示趋势，x 轴需要是离散变量或者因子变量。使用连续变量离散化后也可以绘制条形图，常用的将连续变量处理为离散变量的方法有 cut()、cut_width() 等。ggplot2 中 geom_bar() 用来绘制条形图，其中必须增加统计变换参数 stat='identity'，让 R 语言按照数据原来的样子显示，无须统计变换，否则代码会报错。

最新版 ggplot2() 包中的 geom_col() 可以替代 geom_bar() 来绘制条形图，geom_col() 中无须使用参数 stat，因此相对简洁些。为使数据显示更加有规律，图形中一般依据 y 轴值的大小进行排序，由于该知识点有一定难度，此处暂不进行介绍，后面章节将会给予深入描述。

Excel 中类似的图称为柱状图，若品类在 y 轴，则称为条形图。R 语言 ggplot2() 中没有单独的条形图几何对象，条形图和柱形图都可以通过 geom_bar() 或 geom_col() 绘制，在柱形图的基础上增加 coord_flip() 旋转坐标轴即可将柱形图转换为条形图，代码如下：

```
#代码2-4 柱形图
#将绘图包加载到R环境
library(ggplot2)
#将readr包加载到R环境,用于将category_salesdata.csv文件导入R环境
library(readr)
data2 <- read_csv('D://Per//MB//bookfile//Mbook//data//category_salesdata.csv')
ggplot(data2,aes(x = category,y = sales )) + geom_bar(stat = 'identity')
```

代码运行的结果如图 2-4 所示。

从图 2-4 中可以非常容易地观察到品类 C 销售额最大，其次是品类 D。从显示效果来

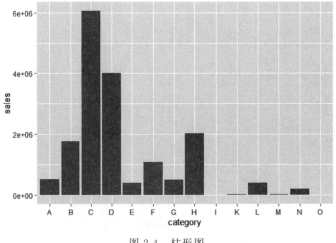

图 2-4 柱形图

看,如果希望对比数据间的大小,则将数据按照大小顺序显示效果会更好,后面章节中将有相关知识点的介绍。当然,如果读者配合表达的前后逻辑,则希望按照 category 的字母顺序进行排序也是可以的。

代码 2-5 通过 coord_flip() 将坐标轴旋转,即可得到条形图,代码如下:

```
# 代码 2-5 条形图
# 将绘图包加载到 R 环境
library(ggplot2)
# 将 readr 包加载到 R 环境,用于将 category_salesdata.csv 文件导入 R 环境
library(readr)
data2 <- read_csv('D://Per//MB//bookfile//Mbook//data//category_salesdata.csv')
ggplot(data2,aes(x = category,y = sales )) + geom_bar(stat = 'identity') + coord_flip()
```

代码运行的结果如图 2-5 所示。

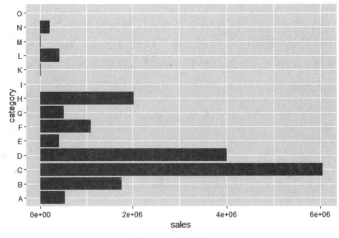

图 2-5 条形图

从图 2-5 中可以看出,条形图 y 轴标签显示的空间更加充足,对于长标签情况下是不错的选择。当然缩小柱子宽度,使用 geom_text() 在柱子间增加标签可以作为另外一种选择。

2.3 折线图

折线图主要用于表示趋势,x 轴变量一般和日期相关。

ggplot2 中使用几何对象 geom_line() 来绘制折线图,如果只有一个序列而没有其他属性需要添加,则可使用 geom_line(aes(group=1)),告诉 R 语言需要把当前数据视为同组显示,代码如下:

```
#代码 2-6 折线图
#将绘图包加载到 R 环境
library(ggplot2)
#将 readr 包加载到 R 环境,用于将 daily_salesdata.csv 文件导入 R 环境
library(readr)
data3 <- read_csv('D://Per//MB//bookfile//Mbook//data//daily_salesdata.csv')
ggplot(data3,aes(x = date,y = sales)) + geom_line(aes(group = 1))
```

代码运行的结果如图 2-6 所示。

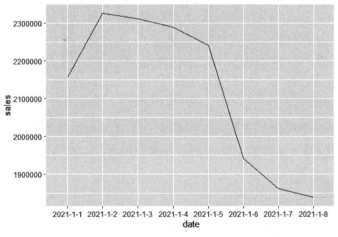

图 2-6 折线图

图 2-6 表达的趋势内容非常直观,如果读者希望强调其中的点,则可以使用 geom_point() 增加点,实现折线图和点图的组合使用。

2.4 饼图

饼图主要用于表示结构占比,虽然是读者容易理解的图形,但是序列多了以后不容易对比差异是其最大的缺点,通常统计学家对此诟病反应比较强烈。R 语言 ggplot2 中没有直

接绘制饼图的几何对象,而是使用条形图,在增加颜色填充 fill=category 之后通过极坐标 coord_polar(theta = 'y') 变形得到饼图,代码如下:

```
#代码 2-7 饼图
#将绘图包加载到 R 环境
library(ggplot2)
#将 readr 包加载到 R 环境,用于将 category_salesdata.csv 文件导入 R 环境
library(readr)
data4 <- read_csv('D://Per//MB//bookfile//Mbook//data//category_salesdata.csv')
ggplot(data4,aes(x = '',y = sales,fill = category )) + geom_bar(stat = 'identity') +
    coord_polar(theta = 'y')
```

代码运行的结果如图 2-7 所示。

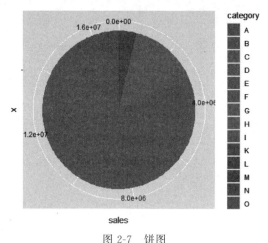

图 2-7 饼图

图 2-7 展示品类销售额占比非常直观,但是仅能大致展示数据间的比较关系。如果读者希望进一步优化,则可以增加标签,以便将原始数据按照一定规律显示。

2.5 直方图

直方图用于表示数据的分布情况。可以理解为连续变量按照一定的极距切分为不同组,之后按照组统计每组观测点的个数,如图 2-8 所示。

没有统计知识的读者可能对直方图的实现原理不太理解,此处给出一个小例子进行讲解:如果有 100 人,现在希望了解这些人的身高情况。通常对每个人的身高进行测量并记录,当然数据中肯定需要包含姓名或者序号这类信息,这样最终得到了一份 100 人身高数据的列表。查看这 100 人的身高列表可以得到详细的信息,但是由于数据量大,人的记忆力有限,对于绝大多数人来讲基本上看完后得不出任何有效结论,因此需要对上述信息进行压缩。将身高数据按照值大小规则切割分段,每段按照人数计数统计、每段使用该段最大值和最小值的平均值作为标签,使用组平均值作为 x 轴,y 轴高度代表每段中的人数,以此方法

所绘制的图即是直方图。

在下面的例子中,原始数据是每日销售数量 quantity,以每日销售数量绘制直方图,即使用 ggplot2 中 geom_histogram() 绘制直方图,上面例子中所讲的数据分段压缩过程由代码自动完成,从图中可以观测到每日销售量 0~25 台这一组占比较大,代码如下:

```
#代码 2-8 直方图
#将绘图包加载到 R 环境
library(ggplot2)
#将 readr 包加载到 R 环境,用于将 salesdata.csv 文件导入 R 环境
library(readr)
data5 <- read_csv('D://Per//MB//bookfile//Mbook//data//salesdata.csv')
ggplot(data5, aes(x = quantity)) + geom_histogram()
```

代码运行的结果如图 2-8 所示。

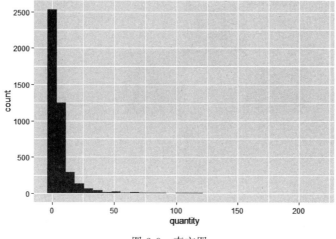

图 2-8　直方图

图 2-8 主要反映了变量 quantity 的分布情况,从图中可以看出 0~50 以内的观测点占据了绝大多数,并且值越小观测点越多。

2.6　热力图

热力图主要反映某一坐标轴下的分布情况,一般常见的热力图为二维度热力图,配合颜色深浅表达密度的大小,也就是热力值大小。ggplot2 中几何对象 geom_tile() 可以绘制热力图,也叫瓦片图,x 轴和 y 轴为坐标轴,为分类变量,配合将销售额映射到填充色。例子中颜色使用默认值,如果使用调色函数对颜色进行调整,则会获得更好的显示效果,如将大部分数值映射成暖色,将小部分数值映射为冷色,后面章节会提及。针对连续变量也可以绘制热力图,一般被称为二维密度图,代码如下:

```
# 代码 2-9 热力图(瓦片图)
# 将绘图包加载到 R 环境
library(ggplot2)
# 将 readr 包加载到 R 环境,用于将 daily_category_salesdata.csv 文件导入 R 环境
library(readr)
data6 <- read_csv('D://Per//MB//bookfile//Mbook//data//daily_category_salesdata.csv')
ggplot(data6,aes(x = date,y = category,fill = sales)) + geom_tile()
```

代码运行的结果如图 2-9 所示。

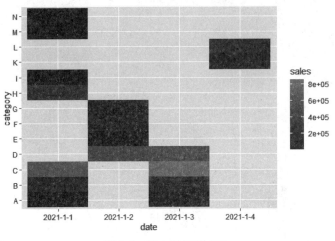

图 2-9 热力图(瓦片图)

图 2-9 展示了 3 个变量,也可以通过添加标签、点等方式展示更多的变量。从图 2-9 可以清晰地看到,1 月 3 日 C 品类销售额是最高的。

本章上述图形都是常见的图表类型,即便没有学习过专业的可视化内容也应该或多或少地接触过。希望读者通过上面的图表,结合自己的练习,能够对 ggplot2 绘图的方法有一个感性的理解。后续将学习数据处理,在本章的基础上对可视化内容加深理解:增加更多对图表的学习,以及对图标、填充色、边框色、大小、主题、分面、坐标轴、图表美化等内容的学习。

2.7 其他图形

下面介绍其他一些图形,这些图形仅给读者一个概览,共由 7 幅图拼接得到,此处仅仅粗略地介绍绘制代码,后面章节会介绍大部分图表。第 1 幅图形是带状图,由几何对象 geom_ribbon()绘制,带状图需要参数 x、y、ymin、ymax,后两个参数决定带状图的上下边,其中可以设置填充色。第 2 幅图是箱线图,使用几何对象 geom_boxplot()绘制。第 3 幅图是二维密度图,使用 geom_density_2d()绘制。第 4 幅图是由 geom_raster()绘制的另外一种二维密度图。第 5 幅图是堆积点图,使用 geom_dotplot()绘制,该图也称为 Wilkinson 堆积点图。第 6 幅图是小提琴图,使用 geom_violin()绘制。第 7 幅图是 geom_parallel_sets()绘制的桑基图,该图形稍微复杂,首先需要对数据进行整合变形,之后才能绘制。最后通过

patchwork 包将这 7 幅图拼接到一起，代码如下：

```r
#代码 2-10 部分其他图形举例
#将绘图包加载到 R 环境
library(tidyverse)
library(patchwork)
library(ggforce)
huron <- data.frame(year = 1875:1972, level = as.vector(LakeHuron))
h <- ggplot(huron, aes(year))
#使用 geom_ribbon()绘制带状图,并赋值给对象 p1
 p1 <- h +
  geom_ribbon(aes(ymin = level - 1, ymax = level + 1),
              fill = "lightblue") +
  geom_line(aes(y = level)) +
  labs(title = "带状图") +
  theme_classic()

mf <- mpg $ class %>% unique() %>% head(2)
p <- mpg %>% filter(class %in% mf) %>% ggplot(aes(class, hwy))
#使用 geom_boxplot()绘制箱线图,并赋值给对象 p2
p2 <- p + geom_boxplot(aes(fill = drv)) +
  labs(title = "箱线图\n(b)") +
  theme_classic()
#使用 geom_density_2d()绘制二维密度图,并赋值给对象 p3
p3 <- ggplot(faithful, aes(waiting, eruptions)) +
  geom_density_2d() +
  labs(title = "二维密度图 1") +
  theme_classic()
#使用 geom_raster ()绘制二维密度图,并赋值给对象 p4
p4 <- ggplot(faithfuld, aes(waiting, eruptions)) +
 geom_raster(aes(fill = density)) +
  labs(title = "二维密度图 2") +
  theme_classic()
#使用 geom_dotplot ()绘制 Wilkinson 堆积点图,并赋值给对象 p5
p5 <- ggplot(mtcars, aes(x = mpg)) +
  geom_dotplot(binwidth = 1.5, stackdir = "center",fill = '#00DDDD',
               color = '#00DDDD') +
labs(title = "Wilkinson 堆积点图") +
  theme_classic()
#使用 geom_violin()绘制 Wilkinson 堆积点图,并赋值给对象 p6
p6 <- ggplot(mtcars, aes(factor(cyl), mpg)) +
  geom_violin(color = 'grey70',aes(fill = factor(cyl))) +
  labs(title = "小提琴图") +
  theme_classic()

data <- reshape2::melt(Titanic)
data <- gather_set_data(data, 1:4)
#使用 geom_parallel_sets ()绘制桑基图,并赋值给对象 p7
p7 <- ggplot(data, aes(x, id = id, split = y, value = value)) +
  geom_parallel_sets(aes(fill = Sex), alpha = 0.3, axis.width = 0.1) +
  geom_parallel_sets_axes(axis.width = 0.3,fill = 'grey70') +
  geom_parallel_sets_labels(colour = 'black') +
```

```
    labs(title = "桑基图") +
    theme_classic()
#使用 patchwork 包将上述图形拼接在一起
(p1 + p2)/(p3 + p4)/(p5 + p6)/p7
```

代码运行的结果如图 2-10 所示。

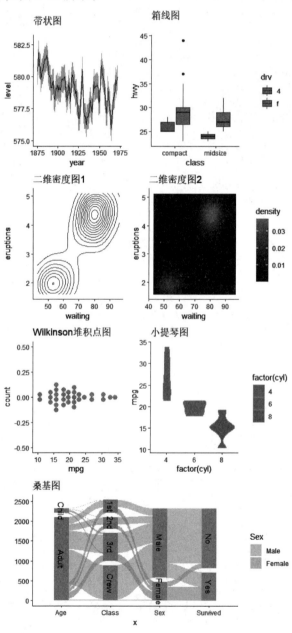

图 2-10　部分其他图形举例

第 3 章 数据储存结构及数据处理

R 语言中常用的数据存储结构类型有数据框(Data.Frame)、向量(Vector)、列表(List)、矩阵(Matrix)等,使用这些数据类型的方法不太相同,需要读者逐个学习。

这些数据结构存储在 R 环境中,可以通过 ls()或者在 RStudio 右侧的 Environment 中查看名称及概要信息。在代码脚本窗口输入对象名称并选中,运行后可以显示其内容。大部分数据结构可以直接或使用 head()函数后通过 view()函数预览,显示结果更加直观。

对于数据稍大的计算过程,通过 rm(对象名)可以从 R 环境中删除该对象,并使用 gc()函数回收内存,这是一个提高计算效率的小技巧。当然,对于大数据有更多的处理方法,如使用 data.table 包、通过 sparklyr 或 sparkR 调用 spark 计算框架、在 Rcpp 中调用 C 代码等。

上述数据类型指的是存储数据类型,还有一种概念是变量数据类型,基本的变量类型可分为双整型(double)、整型(integer)、字符型(character)、逻辑型(logical)、复数类型(complex)等,可参考第 1 章中的相关介绍。

3.1 数据框

Data.Frame 和 Python 中的 Data.Frame 基本类似。熟悉 Excel 的读者在刚接触 Data.Frame 时也可以将其理解为一个没有格式的表格,并且不能有合并单元格、不规则表头名称等内容。数据框列表头即变量名称是必需的,行名称可以有。熟悉关系型数据库的读者可以把 Dataframe 类比数据库中的表。Data.Frame 可以实现数据关联操作(left_join、right_join 等)、筛选(filter)、分组计算等。tidyverse 包中的数据类型 tibble 也可以视为 Data.Frame 的优化版。

有几个实用函数可以帮助读者快速了解数据框:对于 Data.Frame 可以使用 head()函数显示数据的前几行及每个变量的数据类型,方便查看并理解原始数据;对应的 tail()函数可以显示数据的最后几行。str()函数更详细地列出了数据结构,包含变量名称、变量的数据类型等。summary()函数用于快速生成数据摘要统计信息。class()函数可以识别是否是数据框等,通常返回值为 data.frame,以及更多的内容,这就表明对象可能具有复合属性。

通过 readr 及其他包导入的数据大多存储为数据框，as.data.frame()可以将对象转换为数据框，使用 data.frame()函数可以通过输入新建数据框，使用'a <- data.frame()'将输入的数据框存储到特定对象 a 中。前面学习到的将绘图中的外部数据导入 R 中就是采用 Data.Frame 方式进行存储的。Data.Frame 是 ggplot2 可视化高频使用的数据结构，读者务必要掌握。下面的例子描述了如何使用 data.frame()函数新建数据框，新建数据框的代码如下：

```
#代码 3-1 新建数据框
test_df <- data.frame(country = c('a','b'), gdp = c(786,329))
test_df
##  country gdp
## 1       a 786
## 2       b 329
```

3.2 向量

生成向量可以使用 c()函数或者直接输入，下面是一些示例，代码如下：

```
#代码 3-2 新建向量
#使用 c()函数生成一个包含 1~10 的向量
c(1:10)
## [1]  1  2  3  4  5  6  7  8  9 10
#当然也可以直接使用 1:10 实现，和用 c()函数的效果一致
1:10
## [1]  1  2  3  4  5  6  7  8  9 10
#生成一个存储文本的向量
c('a','b','c')
## [1] "a" "b" "c"
```

向量大多适用于手工输入，或者从现有的数据集中提取。大多作为数据筛选匹配条件及生成特定因子等内容使用。

3.3 列表

列表是 R 环境中非常强大的一种复杂数据结构，可以用来保存不同类型的数据，如数字、字符串、向量、子列表等，还可以包含矩阵、函数、绘图对象。用文字不容易说明，初学者可以将其看作一列火车，每节车厢可以承载不同的货物、人、物品等。也可以将其视同为 Excel 表格，单元格中不仅可以是文字、数字，还可以是明细表格、绘图对象等。

列表有多种创建方法：可以使用 list()函数创建，可以通过 split()拆分现有数据框创建，也可以通过导入外部数据创建等，代码如下：

```
#代码 3-3 新建列表
#通过 list()函数生成一个列表
```

```
#建议读者使用view函数查看test_list,更能直观理解上面所讲的立体结构
test_list <- list(a = c('a','b','c'),b = data.frame(category = c('TV','MOBILE')))
```

列表相对抽象,刚接触的读者若现在不理解也不要紧,其主要用于存储复杂结构的数据。另外将数据切割为列表,对于子元素通过并行计算手段实现大数据高速处理。Purr 包中 map 族函数和列表结合使用,也是经典用法,虽然比较抽象,但是值得深入研究学习。

3.4 矩阵

用 matrix() 函数可以生成矩阵,实际存储成一个向量,通过行数和列数对应矩阵的元素,存储次序默认为按列存储,代码如下:

```
#代码 3-4 新建矩阵
#用 1~50 生成一个 5 行 8 列的矩阵(按照默认列存储)
matrix(1:50,nrow = 5,ncol = 10)
##     [,1] [,2] [,3] [,4] [,5] [,6] [,7] [,8] [,9] [,10]
## [1,]   1    6   11   16   21   26   31   36   41    46
## [2,]   2    7   12   17   22   27   32   37   42    47
## [3,]   3    8   13   18   23   28   33   38   43    48
## [4,]   4    9   14   19   24   29   34   39   44    49
## [5,]   5   10   15   20   25   30   35   40   45    50
#用 1~50 生成一个 5 行 8 列的矩阵(按照行存储)
matrix(1:50,nrow = 5,ncol = 10,byrow = TRUE)
##     [,1] [,2] [,3] [,4] [,5] [,6] [,7] [,8] [,9] [,10]
## [1,]   1    2    3    4    5    6    7    8    9    10
## [2,]  11   12   13   14   15   16   17   18   19    20
## [3,]  21   22   23   24   25   26   27   28   29    30
## [4,]  31   32   33   34   35   36   37   38   39    40
## [5,]  41   42   43   44   45   46   47   48   49    50
```

下面学习数据处理相关内容。本节主要学习 tidyverse 包,该包其实是一系列包的集合,包含下面 8 个包:

(1) ggplot2 包是现在非常流行的可视化包,也是本书介绍的主要绘图包。

(2) tibble 包中新增加了 tibble 数据结构,可以视作 Data.Frame 的升级版本。

(3) tidyr 包主要用于数据塑形,经典函数包含 gather() 函数,用于将宽数据转换为窄数据,spread() 函数用于将窄数据转换为宽数据。

(4) readr 包用于将输入导入 R 环境,如前面用到的 read_csv()。

(5) purrr 包用于精简或替代循环,主要是 map 簇函数。

(6) dplyr 包是最为强大的数据处理包之一,包含数据列选取、行筛选、汇总、拆分、塑形等功能,并能作为前台结合 sparklyr 操作 Spark 集群。

(7) stringr 包用于处理文本或字符串,函数以 str 开头,是 stringi 包的常用功能优化版。

(8) forcats 包用于处理分类变量,将其转换为因子,并可以修改因子的顺序、标签等内容。

3.5 readr 包介绍

readr 包主要用于实现 R 与外部数据进行交互传递,实现将 R 环境外的数据写入 R 环境,以及在 R 环境中将数据导出到本地计算机。

3.5.1 read_csv()函数

CSV 文件比较友好,因此读写 CSV 文件是读者必须掌握的技能。本书尽可能地以它为数据存储格式,方便读者学习。通常若无特殊需求,则可在函数中直接写入文件地址,运行后便可导入文件。注意地址不同于 Windows 中的地址,需要使用双斜杠而不是单个斜杠。一般情况下,如果导入失败,则大概率是字符集的问题,将文件字符集修改为 UTF-8 后问题一般会得到解决,代码如下:

```
#代码 3-5 read_csv()函数
library(readr)
data1 <- read_csv('D://Per//MB//bookfile//Mbook//data//salesdata.csv')
head(data1)
###A tibble: 6 × 5
##  date       category region quantity  sales
## <chr>      <chr>    <chr>    <dbl>   <dbl>
##1 2021-1-1  A        US          8     877.
##2 2021-1-1  B        US         79   86089.
##3 2021-1-1  C        US          2    1775.
##4 2021-1-1  B        US         21   21050.
##5 2021-1-1  B        US          3    2066.
##6 2021-1-1  C        JP          1     120.
```

read_csv()函数中常用的参数如下:

(1) file 代表要导入文件,可以是完整的路径,也可以是 R 工作路径,通过 setwd() 设置。

(2) col_names 可以选择参数 TRUE,代表以第 1 行为列名称。

(3) skip 表示从第几行之后开始导入(有的数据源开头可能有空行)。

(4) n_max 代表导入的最大行数。

同样地,生成的数据结果经常需要从 R 环境导出,这时可以使用 write_csv()函数,格式为 write_csv(R 中的数据集, '导出文件名称.csv'),第 2 个参数可以是完整的文件路径加文件名称,如果仅写文件名称及扩展名,则生成的文件将会存储在当前 R 程序的工作路径中。

当前的工作路径可以使用 getwd()函数获取,并可使用 setwd()函数设定或改变工作路径。设定路径后,导入/导出文件参数可以只使用包含扩展名的文件名称。

对于导出数据,有时可能存在中文乱码,可以从基础包中使用 read.csv 函数替代,相对来讲处理中文较友好些(只是会增加一列序号,即索引列)。另外,使用下面的方法大概率也可以处理中文乱码问题:使用 WPS 表格打开文件之后另存或者使用 Notepad++打开后将字符集更改为 UTF-8。

read_csv()函数对某些字符集可能在导入时会解析失败,从而导致出错,这时可以使用 guess_econding()函数识别已经导入的数据集字符集,之后在 read_csv()函数中设置 locale 参数中的字符集,重新导入即可。另外,使用 txt 方式打开文件,之后在保存选项中使用字符集 UTF-8,保存时覆盖原始文件即可。一般使用上面的方法可以解决导入出错问题,详细内容可以参看帮助文件。

3.5.2 其他主要函数

read_tsv()用于读取以制表符 Tab 为分隔符号的 CSV 文件。read_delim()用于读取以指定符号为分隔符的文件,可以理解为 read_csv、read_tsv 的通用版本。read_fwf()用于读取固定宽度的文件,可以理解为被读取文件中各列的宽度是固定的。read_table()为常用函数,可以读取 txt 文件。

对应的 R 环境数据导出功能以 write_开头,可以在帮助文件中查看各自的使用方法。

3.6 tidyr 包

tidyr 包主要用于数据处理,也就是数据塑形及长短数据转换等功能。

3.6.1 expand_grid()函数

expand_grid()函数用于把多个已知向量中的元素生成所有组合,例如从 1、2 与 a、b 这两组向量中分别抽取一个元素,生成组合 1-a、1-b、2-a、2-b,代码如下:

```
#代码 3-6 expand_grid()函数
library(tidyr)
expand_grid(c(1,2),c('a','b'))
### A tibble: 4 × 2
##  `c(1, 2)` `c("a", "b")`
##      <dbl> <chr>
## 1       1  a
## 2       1  b
## 3       2  a
## 4       2  b
```

expand_grid()函数主要用于在数据拼接过程中生成关键字段的最大集,如在 left_join 中生成左表关键字段,可以类比理解为数据库中的多表在拼接时需先生成一个最全变量作为左表主键。

类似地,使用crossing()函数或基础包中的merge()函数都可以实现上述操作,具体操作比较简单,代码如下:

```
#代码3-7 crossing()及merge()函数
library(tidyr)
crossing(c(1,2),c('a','b'))
##A tibble: 4 × 2
## `c(1, 2)` `c("a", "b")`
## <dbl> <chr>
##1        1 a
##2        1 b
##3        2 a
##4        2 b
merge(c(1,2),c('a','b'))
##x y
##1 1 a
##2 2 a
##3 1 b
##4 2 b
```

merge()函数相比较前两个函数的结果,对于不同的结果变量名称,merge()函数会使用x和y表示,而前两个函数使用的是原始向量作为变量名称。另外,merge()函数不支持两个以上向量生成新组合,expand_grid()及crossing()函数支持两个以上向量作为输入参数,生成新的组合,但是crossing()及expand_grid()的限制条件是输入的多个向量不能有重复的向量,即输入类似c('a','b')和c('a','b'),则代码会出错。有这类特殊需求的读者可以使用循环来处理。

3.6.2 drop_na()函数

drop_na()函数用来删除存在NA值的行。drop_na()如果不指定NA所在的变量,则会去除所有包含NA的行。第2个参数若指定了NA所在列,则只去除该列中包含NA值的行,代码如下:

```
#代码3-8 drop_na()函数
library(dplyr)
#生成一个数据框df
df <- data.frame(x = c(1, 2, NA), y = c("a", NA, "b"))
#删除数据框中任意列有NA值的行
drop_na(df)
##x y
##1 1 a
#删除数据框中x列有NA值的行
drop_na(df,x)
##x   y
```

```
## 1 1    a
## 2 2 <NA>
# 删除数据框中 y 列有 NA 值的行
drop_na(df,y)
## x y
## 1 1 a
## 2 NA b
```

基础包中的 na.omit()函数也可以用来去除错误值,但是只能实现上例中的第 1 种用法,相对不够灵活,代码如下:

```
# 代码 3-9 na.omit()函数
# 生成一个数据框 df
df <- data.frame(x = c(1, 2, NA), y = c("a", NA, "b"))
# 删除数据框中任意列有 NA 值的行
na.omit(df)
## x y
## 1 1 a
```

3.6.3 replace_na()函数

replace_na()函数用于将 NA 值替换为指定的值。注意其中参数需要以 list 形式输入,代码如下:

```
# 代码 3-10 replace_na()函数 1
# 生成 df 数据框
df <- data.frame(x = c(1, 2, NA))
# 打印 df 数据框
print(df)
##   x
## 1 1
## 2 2
## 3 NA
# 将 df 数据框中 x 中的 NA 替换为 0
df %>% replace_na(list(x = 0))
##   x
## 1 1
## 2 2
## 3 0
```

其中第 2 个参数需要以 list 形式输入,表面增加了代码输入,略显烦琐,但是当需要对多变量中的 NA 值进行替换时,则表现出极大的灵活性,如在下面的数据框中,分别用 0、1 替换变量 x、y 中的 NA 值,代码如下:

```
# 代码 3-11 replace_na()函数 2
# 生成 df 数据框
```

```
df <- data.frame(x = c(1, 2, NA),y = c(2,NA,3))
#打印df数据框
print(df)
##x y
##1  1  2
##2  2 NA
##3 NA  3
#将df数据框中x中的NA替换为0,将y中的NA替换为1
df %>% replace_na(list(x = 0,y = 1))
##x y
##1 1 2
##2 2 1
##3 0 3
```

3.6.4　extract()函数

extract()函数主要用于对数据框中的某列按照特定字符拆分,类似于Excel中的分列操作。该函数的难点在于参数regex,其使用的是正则表达式的匹配模式。如下列将现有x列按照其中的"-"符号拆分为"第1列""第2列",代码如下:

```
#代码3-12 extract()函数
library(dplyr)
#生成数据框df
df <- data.frame(x = c(NA, "a-b", "a-d", "b-c", "d-e"))
#将数据框df中的x列按照"-"拆分为2列,即第1列、第2列
extract(df,col = x, into = c("第1列", "第2列"), regex = "([a-z]+)-([a-z]+)")
##  第1列 第2列
##1 <NA>  <NA>
##2   a     b
##3   a     d
##4   b     c
##5   d     e
```

regex='([a-z]+)-([a-z]+)'表示要拆分的内容分为3部分,第1部分是a-z中的任意值,接下来是-号,最后是a-z中的任意值,()在正则表达式中表示一个组合。正则表达式匹配模式是非常复杂的内容,有兴趣的读者可以参考其他专业书籍。和Excel函数中的分列比较,当分隔符出现多次时,Excel会按照出现分隔符的次数进行分列。extract()函数遇到这类情况就比较难处理了。

3.6.5　fill()函数

对于数据框中的NA值,运用fill()函数可以使用相邻非NA值替换,其中,通过参数direction设置填充值的来源:up来自NA值下方,down来自NA值上方,downup首先用上方值填充,当上方值是NA时,使用下方值填充。updown和downup的填充顺序相反,代码如下:

```
#代码 3-13 fill()函数
df <- data.frame(x = c("a/b",NA,"a/d","b/c","d/e"))
df %>% fill(x,.direction = 'up')
##x
##1 a/b
##2 a/d
##3 a/d
##4 b/c
##5 d/e
df %>% fill(x,.direction = 'down')
##x
##1 a/b
##2 a/b
##3 a/d
##4 b/c
##5 d/e
```

当把数据中存在合并单元格的 Excel 表格转换为 CSV 文件或者直接导入 R 环境都会造成原来合并单元格区域只有第 1 个单元格值可以正确显示,其余的为 NA。使用 fill()函数向下填充,能快速解决此问题。Excel 中类似的情况也比较容易处理,一般使用查找功能找到所有 NA 所在单元格,之后输入公式,最后按下 Ctrl+Enter 快捷键即可。当然使用 VBA 也可以实现上述功能。

3.6.6 gather()函数

gather()函数是数据塑形中重要的函数,将宽表格整理为长表格,类似于 Excel PowerQuery 中的逆透视列。在一些相对陈旧的 R 代码中会遇到 Reshape2 包中的 melt()函数,其功能类似。

该函数主要的结构如下:

gather(数据,key=行数据折叠为一列,新列名字,value=在折叠列下方的数值,会被折叠为一列,这一列的新名称,-c(指定不参与折叠的列))

其中,-c(指定不参与折叠的列)也可以换为 c(指定参与折叠的列)。

在下面的例子中,原始数据是按照月份排列的销售数据,用 gather()函数将其折叠,最终月份、销售分别显示在两列,变为一个长表,代码如下:

```
#代码 3-14 gather()函数
library(tidyr)
#新建一个 data.frame:各个品类在 1 月和 2 月的销售数据
df_wide <- data.frame(category = c('a','b','c','d'),Jan = c(1,2,4,6),Feb = c(1,1,1,1))

#打印显示 df_wide 数据框
print(df_wide)
##  category Jan Feb
##1        a   1   1
```

```
##2         b     2    1
##3         c     4    1
##4         d     6    1
#将 df_wide 中的月份'Jan/Feb'折叠到列'month',将销售数据折叠到'Sales'列
gather(df_wide,key = 'month',value = 'Sales',-c(category))
##  category month Sales
##1      a    Jan    1
##2      b    Jan    2
##3      c    Jan    4
##4      d    Jan    6
##5      a    Feb    1
##6      b    Feb    1
##7      c    Feb    1
##8      d    Feb    1
```

长表是绘图常用的格式,特别适合使用 ggplot2 绘图。另外,长表也适合使用 group_by() 函数及 summarise() 函数,实现分组汇总、计算等更多内容。当然,分组后可以一次性对每组数据使用相同的操作,不一定汇总,如给每组加上行序号等。

3.6.7 pivot_longer()函数

pivot_longer()函数可以认为是 gather()函数的升级版本,也用于将数据由宽表转换为长表。pivot_longer 中的第 1 个参数是待处理的数据框,被折叠的变量名称会存储到一列,第 2 个参数 names_to 是新列的名称。原来的数据区域会被折叠到一列中,values_to 参数决定了这一列的名称。最后一个参数-c()表示不被折叠的列是哪几列,同理如果使用参数 c(),则指定需要被折叠的列范围,代码如下:

```
#代码 3-15 pivot_longer()函数
library(tidyr)
#新建一个 data.frame:各个品类在1月和2月的销售数据
df_wide <- data.frame(category = c('a','b','c','d'),Jan = c(1,2,4,6),Feb = c(1,1,1,1))

#打印显示 df_wide 数据框
print(df_wide)
##  category Jan Feb
##1      a    1   1
##2      b    2   1
##3      c    4   1
##4      d    6   1
#将 df_wide 中的月份'Jan/Feb'折叠到列'month',将销售数据折叠到'Sales'列
pivot_longer(df_wide,names_to = 'month',values_to = 'Sales',-c(category))
###A tibble: 8 × 3
##  category month Sales
##  <chr>    <chr> <dbl>
##1 a        Jan     1
##2 a        Feb     1
```

```
##3 b         Jan     2
##4 b         Feb     1
##5 c         Jan     4
##6 c         Feb     1
##7 d         Jan     6
##8 d         Feb     1
```

3.6.8 spread()函数

spread()函数与 gather()函数实现相反的功能,即将长表转换为宽表。spread()函数的第 1 个参数表示待处理的数据框,第 2 个参数 key 表示将哪一列变为行标题,最后一个参数 value 表示用哪列填充数据区域,代码如下:

```
#代码 3-16 spread()函数
#生成 3 个向量,用于生成长表
category <- c("a","a","b","b","c","c","d","d")
month <- c("Jan","Feb","Jan","Feb","Jan","Feb","Jan","Feb")
Sales <- c(1,1,2,1,4,1,6,1)
#将上述 3 个向量生成一个长表 df_longer(等同于上列的计算结果)
df_longer <- data.frame(category,month,Sales)
print(df_longer)
##  category month Sales
##1       a   Jan     1
##2       a   Feb     1
##3       b   Jan     2
##4       b   Feb     1
##5       c   Jan     4
##6       c   Feb     1
##7       d   Jan     6
##8       d   Feb     1
#将月份由 month 映射到列,生成宽表
spread(df_longer,key = 'month',value = 'Sales')
##  category Feb Jan
##1       a   1   1
##2       b   1   2
##3       c   1   4
##4       d   1   6
```

宽表常用来计算增长率等内容。如上例将 Jan 和 Feb 销售额并列,就可以方便地计算每个品类 2 月间的销售增长率。当然结合 lag()或 lead()函数也可以在长表中实现上述操作。

3.6.9 pivot_wider()函数

pivot_wider()函数是 spread()函数的升级版本,其功能也是将长表转换为宽表。pivot_wider()中的第 1 个参数表示待处理的数据框,names_from 参数表示将哪一个变量映

射为多列、values_from 区域表示将哪一列数值映射到变形后的区域,代码如下:

```
#代码 3-17 pivot_wider()函数
#生成3个向量,用于生成长表
category <- c("a","a","b","b","c","c","d","d")
month <- c("Jan","Feb","Jan","Feb","Jan","Feb","Jan","Feb")
Sales <- c(1,1,2,1,4,1,6,1)
#将上述3个向量生成一个长表 df_longer(等同于上列的计算结果)
df_longer <- data.frame(category,month,Sales)
print(df_longer)
##  category month Sales
##1         a   Jan     1
##2         a   Feb     1
##3         b   Jan     2
##4         b   Feb     1
##5         c   Jan     4
##6         c   Feb     1
##7         d   Jan     6
##8         d   Feb     1
#将月份由 month 映射到列,生成宽表
pivot_wider(df_longer,names_from = 'month',values_from = 'Sales')
###A tibble: 4 × 3
## category   Jan   Feb
## <chr>    <dbl> <dbl>
##1 a          1     1
##2 b          2     1
##3 c          4     1
##4 d          6     1
```

3.7 dplyr 包

在 R 语言的当前数据处理领域,dplyr 包占据了核心位置。dplyr 的功能包含数据列选取、行筛选、汇总、排序、表间拼接等功能,其内容非常丰富。由于篇幅限制,本书仅介绍较为常用的几个函数。笔者强烈建议,读者如果对数据处理技能有更进一步的要求,则可以对整个包中的函数进行学习,一定会有不少收获。

3.7.1 select()函数

select()函数主要用于选取数据框中的列,配合其中的参数 starts_with 等,可以实现灵活地按列筛选的效果。以经典的 datasets 包自带的鸢尾花卉数据集 iris 为例子:该数据集包含的列有 Sepal.Length 花萼长度、Sepal.Width 花萼宽度、Petal.Length 花瓣长度、Petal.Width 花瓣宽度、Species 种类。Species 字段中包含 Iris setosa 山鸢尾、Iris versicolour 杂色鸢尾、Iris virginica 弗吉尼亚鸢尾。

在下面的代码中会使用 magrittr 包中的%>%管道符号,该符号将其左侧计算结果自

动传递给右侧函数,十分方便,代码如下:

```
# 代码 3-18 select()函数 1
# 在下面的代码中为节省显示空间,使用 head(5)显示上述条件下的前 5 行
library(dplyr)
library(magrittr)
##
## Attaching package: 'magrittr'
## The following object is masked from 'package:purrr':
##
## set_names
## The following object is masked from 'package:tidyr':
##
## extract
# 选取单一列 Sepal.Length 花萼长度,并选取前 5 行
select(iris,'Sepal.Length') %>% head(5)
## Sepal.Length
## 1          5.1
## 2          4.9
## 3          4.7
## 4          4.6
## 5          5.0
# 同时选取多列,并选取前 5 行
select(iris,c('Sepal.Length','Sepal.Width')) %>% head(5)
## Sepal.Length Sepal.Width
## 1          5.1         3.5
## 2          4.9         3.0
## 3          4.7         3.2
## 4          4.6         3.1
## 5          5.0         3.6
# 通过 starts_with 参数智能地选取以 S 开头的列,并选取前 5 行
select(iris,starts_with('S')) %>% head(5)
## Sepal.Length Sepal.Width Species
## 1          5.1         3.5  setosa
## 2          4.9         3.0  setosa
## 3          4.7         3.2  setosa
## 4          4.6         3.1  setosa
## 5          5.0         3.6  setosa
```

select(iris,'Sepal.Length')表示从数据集 iris 中选取'Sepal.Length'这 1 列(或者描述为选择'Sepal.Length'变量)。select(iris,c('Sepal.Length','Sepal.Width'))表示从数据集 iris 中选取'Sepal.Length'和'Sepal.Width'这 2 列,需要选择的多列以向量方式输入。在 select()函数中和 starts_with 类似的参数还有 ends_with()、contains()、matches()、num_range()。除了 num_range()外,其他几个函数都比较好理解。如果一个数据框中包含了类似变量'A1'、'A2'、'A3'等有规律的变量,则使用 num_range()可以非常有效率地选择它们,代码如下:

```
#代码 3-19 select()函数 2
library(dplyr)
library(magrittr)
#新建一个数据框
df <- data.frame(A1 = c(1:5),A2 = c(2:6),A3 = c(3:7),A4 = c(9,8,3,4,7))
#选择变量 A1、A2、A3
df %>% select(num_range("A",1:3))
##A1 A2 A3
##1  1  2  3
##2  2  3  4
##3  3  4  5
##4  4  5  6
##5  5  6  7
```

除可以使用 num_range()外，也可以将筛选条件构建为向量，之后将该条件代入 select()函数中，下面使用 paste0("A",1:3)生成向量 A1、A2、A3 作为筛选条件，同样可以实现代码 3-19 中的内容，代码如下：

```
#代码 3-20 select()函数 3
library(dplyr)
library(magrittr)
#新建一个数据框
df <- data.frame(A1 = c(1:5),A2 = c(2:6),A3 = c(3:7),A4 = c(9,8,3,4,7))
#选择变量 A1、A2、A3
df %>% select(paste0("A",1:3))
##A1 A2 A3
##1  1  2  3
##2  2  3  4
##3  3  4  5
##4  4  5  6
##5  5  6  7
```

代码 3-18 中管道符号只是用在最后的 head()函数前，select()前也可以使用管道符号，充分利用管道操作的便利性，最终结果和上面代码的结果是一致的，代码如下：

```
#代码 3-21 select()函数 4
#在下面的代码中为节省显示空间,使用 head(5)显示上述条件下的前 5 行
library(dplyr)
library(magrittr)
#选取单一列 Sepal.Length 花萼长度,并选取前 5 行
iris %>% select('Sepal.Length') %>% head(5)
##  Sepal.Length
##1          5.1
##2          4.9
##3          4.7
##4          4.6
##5          5.0
```

```
# 同时选取多列,并选取前 5 行
iris %>% select(c('Sepal.Length','Sepal.Width')) %>% head(5)
## Sepal.Length Sepal.Width
##1         5.1         3.5
##2         4.9         3.0
##3         4.7         3.2
##4         4.6         3.1
##5         5.0         3.6
# 通过 starts_with 参数智能地选取以 S 开头的列,并选取前 5 行
iris %>% select(starts_with('S')) %>% head(5)
## Sepal.Length Sepal.Width Species
##1         5.1         3.5  setosa
##2         4.9         3.0  setosa
##3         4.7         3.2  setosa
##4         4.6         3.1  setosa
##5         5.0         3.6  setosa
```

除了可以通过模糊匹配、精确输入等方式选择列,也可以选择连续相邻的几列。下面选择数据框中的 A1、A2、A3 列,由于它们在原始数据框中是邻近的,所以使用 A1:A3 输入 select()中即可,代码如下:

```
# 代码 3-22 select()函数 5
library(dplyr)
library(magrittr)
# 新建一个数据框
df <- data.frame(A1 = c(1:5),A2 = c(2:6),A3 = c(3:7),A4 = c(9,8,3,4,7))
# 选择变量 A1、A2、A3
df %>% select(A1:A3)
## A1 A2 A3
##1  1  2  3
##2  2  3  4
##3  3  4  5
##4  4  5  6
##5  5  6  7
```

select()函数结合 everything()参数也非常有用,向 select()中单独输入 everything()参数表示选择所有列,代码如下:

```
# 代码 3-23 select()函数与 everything()参数结合使用 1
library(dplyr)
library(magrittr)
# 新建一个数据框
df <- data.frame(A1 = c(1:5),A2 = c(2:6),A3 = c(3:7),A4 = c(9,8,3,4,7))
# 选择变量 A1、A2、A3
df %>% select(everything())
## A1 A2 A3 A4
##1  1  2  3  9
```

```
##2  2  3  4  8
##3  3  4  5  3
##4  4  5  6  4
##5  5  6  7  7
```

向 select()中输入具体列名称之后输入 everything()参数,表示在选择时先选择具体列,接下来选择其他所有列。这种方法常用来把某些列排序到数据框的最左侧,代码如下:

```
#代码 3-24 select()函数与 everything()参数结合使用 2
library(dplyr)
library(magrittr)
#新建一个数据框
df <- data.frame(A1 = c(1:5),A2 = c(2:6),A3 = c(3:7),A4 = c(9,8,3,4,7))
#选择变量 A1、A2、A3
df %>% select(A4,everything())
## A4 A1 A2 A3
##1  9  1  2  3
##2  8  2  3  4
##3  3  3  4  5
##4  4  4  5  6
##5  7  5  6  7
```

3.7.2 filter()函数

filter()函数主要用于对数据集列进行筛选,其中条件筛选中:"等于"使用双等号"=="、"或"使用"|"、"且"使用"&"。如果需要类似 SQL 中的 like 语句功能,则可以结合基础包中的 grepl()函数或者 stringr 包中的 str_detect()函数实现,代码如下:

```
#代码 3-25 filter()函数
#在下面的代码中为节省显示空间,使用 head(5)显示上述条件下的前 5 行
library(dplyr)
library(magrittr)
#筛选品类为'setosa'的记录,显示符合品类等于 Iris setosa 的所有列

iris %>% filter(Species == 'setosa') %>% head(5)
## Sepal.Length Sepal.Width Petal.Length Petal.Width Species
##1      5.1         3.5         1.4         0.2    setosa
##2      4.9         3.0         1.4         0.2    setosa
##3      4.7         3.2         1.3         0.2    setosa
##4      4.6         3.1         1.5         0.2    setosa
##5      5.0         3.6         1.4         0.2    setosa
#筛选品类为'setosa'或为'versicolor'的记录
iris %>% filter(Species == 'setosa'|Species == 'versicolor') %>% head(5)
## Sepal.Length Sepal.Width Petal.Length Petal.Width Species
##1      5.1         3.5         1.4         0.2    setosa
##2      4.9         3.0         1.4         0.2    setosa
```

```
##3          4.7          3.2         1.3         0.2 setosa
##4          4.6          3.1         1.5         0.2 setosa
##5          5.0          3.6         1.4         0.2 setosa
#筛选品类为'setosa'且 Sepal.Length>6.5 的记录
iris %>% filter(Species == 'setosa', Sepal.Length > 6.5) %>% head(5)
##[1] Sepal.Length Sepal.Width  Petal.Length Petal.Width  Species
##<0 rows> (or 0-length row.names)
#筛选品类名称中包含'ir'的所有行,类似于SQL语句中的%like%
iris %>% filter(grepl('ir',Species)) %>% head(5)
## Sepal.Length Sepal.Width Petal.Length Petal.Width    Species
##1          6.3          3.3         6.0         2.5 virginica
##2          5.8          2.7         5.1         1.9 virginica
##3          7.1          3.0         5.9         2.1 virginica
##4          6.3          2.9         5.6         1.8 virginica
##5          6.5          3.0         5.8         2.2 virginica
```

iris %>% filter(Species=='setosa')表示筛选 iris 中 Species 等于 setosa 的所有记录。iris %>% filter(Species=='setosa'|Species=='versicolor')表示选择 iris 中 Species 等于 setosa 或 versicolor 的所有记录,使用%in%也可以实现该功能。filter(grepl('ir',Species))表示筛选 Species 包含'ir'这两个字母的所有行,使用 stringr 包中的 str_detect()函数也可以实现上述功能。上面提到的%in%、str_detect()函数的用法可参考下面的例子,代码如下:

```
#代码3-26 filter()函数模糊选取
library(dplyr)
library(magrittr)
#筛选品类为'setosa'或为'versicolor'的记录
iris %>% filter(Species %in% c('setosa','versicolor')) %>% head(5)
## Sepal.Length Sepal.Width Petal.Length Petal.Width Species
##1          5.1          3.5         1.4         0.2 setosa
##2          4.9          3.0         1.4         0.2 setosa
##3          4.7          3.2         1.3         0.2 setosa
##4          4.6          3.1         1.5         0.2 setosa
##5          5.0          3.6         1.4         0.2 setosa
#筛选品类名称中包含'ir'的所有行,类似于SQL语句中的%like%
iris %>% mutate(Species = as.character(Species)) %>%
filter(stringr::str_detect('to',Species)) %>% head(5)
##[1] Sepal.Length Sepal.Width  Petal.Length Petal.Width  Species
##<0 rows> (or 0-length row.names)
```

3.7.3 mutate()函数

mutate()函数主要对数据框中的现有列进行修改,此外还可以新增列,当原数据中该列已经存在时,mutate()函数代码执行的是更新列动作;当列不存在时,执行的是新增列动作,代码如下:

```
# 代码 3-27 mutate()函数新建或更改变量
# 在下面的代码中为节省显示空间,使用 head(5)显示前 5 行
library(dplyr)
library(magrittr)

# 在原来数据集中增加一列 sequence(序号列)
iris %>% mutate(sequence = c(1:NROW(.))) %>% head(5)
## Sepal.Length Sepal.Width Petal.Length Petal.Width Species sequence
##1     5.1         3.5         1.4         0.2     setosa    1
##2     4.9         3.0         1.4         0.2     setosa    2
##3     4.7         3.2         1.3         0.2     setosa    3
##4     4.6         3.1         1.5         0.2     setosa    4
##5     5.0         3.6         1.4         0.2     setosa    5
# 在原来数据集中增加一列:将 Sepal.Width 与 Petal.Width 中的数值相加得到 Width_Total 列
iris %>% mutate(Width_Total = Sepal.Width + Petal.Width) %>% head(5)
## Sepal.Length Sepal.Width Petal.Length Petal.Width Species Width_Total
##1     5.1         3.5         1.4         0.2     setosa    3.7
##2     4.9         3.0         1.4         0.2     setosa    3.2
##3     4.7         3.2         1.3         0.2     setosa    3.4
##4     4.6         3.1         1.5         0.2     setosa    3.3
##5     5.0         3.6         1.4         0.2     setosa    3.8
```

1:NROW(.)与1:NROW(iris)表示的内容一致,即都生成一个从 1 到最大行数的序列。NROW(iris)可以获取数据框 iris 的行数,其中简写为标点符号"."指代管道操作符号前的数据框 iris 数据集。当使用 mutate()函数新增加列时,如果只希望保留新增加的列,则可以在 mutate()后面使用 select()函数选择该列,也可以使用 transmute()函数实现只保留生成列的效果,代码如下:

```
# 代码 3-28 transmute()函数
# 在下面的代码中为节省显示空间,使用 head(5)显示前 5 行
library(dplyr)
library(magrittr)

# 在原来数据集中增加一列:将 Sepal.Width 与 Petal.Width 中的数值相加得到 Width_Total 列
# 并且只保留该新增加的列
iris %>% transmute(Width_Total = Sepal.Width + Petal.Width) %>% head(5)
## Width_Total
##1    3.7
##2    3.2
##3    3.4
##4    3.3
##5    3.8
```

transmute()实现了新增加 Width_Total 列,并删除了其他列。上面介绍了 mutate()新增或者更新现有列的常见方法,还有几个函数可以增强这些功能,这些函数包含 lag()、lead()、cumsum()、cummin()、cummax()等。下面先介绍偏移函数 lag()和 lead(),详细用法可参

考下面的例子，代码如下：

```
#代码3-29 lag()及lead()函数
library(dplyr)
library(magrittr)
df <- data.frame(Year = c('2020','2021','2022'),
                 Sales = c(125,368,478))
df %>% mutate(lag_sales = lag(Sales),
              lead_sales = lead(Sales))
##Year Sales lag_sales lead_sales
##1 2020    125      NA        368
##2 2021    368     125        478
##3 2022    478     368         NA
```

lag(Sales)表示将Sales这一列整体往下移动一行，最终在原始数据框中2020年的Sales数值125将显示在2021年，2021年的Sales数值368将显示在2022年。lead(Sales)将数据提前一行，其他逻辑同lag()函数。由于lag(Sales)和lead(Sales)将数据移动错位了，所以会出现NA值，可以设置default参数将NA替换为指定的值，一般设置为0，代码如下：

```
#代码3-30 在lag()及lead()函数中使用default参数
library(dplyr)
library(magrittr)
df <- data.frame(Year = c('2020','2021','2022'),
                 Sales = c(125,368,478))
df %>% mutate(lag_sales = lag(Sales,default = 0),
              lead_sales = lead(Sales,default = 0))
##Year Sales lag_sales lead_sales
##1 2020    125       0        368
##2 2021    368     125        478
##3 2022    478     368          0
```

在上面的lag()和lead()函数中可以设置n参数值来确定移动的行数，在默认情况下n=1。偏移函数在实际运用中用来计算变动额、变动率非常方便。下面计算2020、2021、2022这3年间Sales的增长额、增长率，代码如下：

```
#代码3-31 lag()及lead()函数的实际运用
library(dplyr)
library(magrittr)
df <- data.frame(Year = c('2020','2021','2022'),
                 Sales = c(125,368,478))
df %>% mutate(change = Sales - lag(Sales),
              change_percent = Sales/lag(Sales) - 1)
##Year Sales change change_percent
##1 2020    125     NA             NA
##2 2021    368    243       1.944000
##3 2022    478    110       0.298913
```

如果不使用偏移函数,则整个计算过程会稍显烦琐,下面使用循环来处理,代码如下:

```r
#代码 3-32 模拟 lag()及 lead()函数
library(dplyr)
library(magrittr)
df <- data.frame(Year = c('2020','2021','2022'),
                 Sales = c(125,368,478))
df$change <- 0
df$change_percent <- 0
for (i in 2:NROW(df) ){
  df$change[i] <- df$Sales[i] - df$Sales[i-1]
  df$change_percent[i] <- df$Sales[i]/df$Sales[i-1] - 1
}

df
## Year Sales change change_percent
##1 2020   125      0       0.000000
##2 2021   368    243       1.944000
##3 2022   478    110       0.298913
```

代码 3-32 首先新增加列 change、change_percent 并赋值为 0,之后从第 2 行开始循环计算,每行 change 值等于当前行 Sales 值减去上一行 Sales 值。当前行 Sales 值用 dfSales[i] 表示,上一行 Sales 值用 dfSales[i-1] 表示,其中 i 的值为 2 和 3,3 通过 NROW(df) 获得。

cumsum() 函数用于计算滚动累加,用于在数据框中对变量和向量进行累加,代码如下:

```r
#代码 3-33 cumsum()函数实现累加
library(dplyr)
library(magrittr)
df <- c(1,2,3,1,6,7,1,2,9)
cumsum(df)
##[1]  1  3  6  7 13 20 21 23 32
```

另外,实际运用较频繁的是 cumsum(),结合后面的 group_by() 可以实现组内的上述功能。cummax()、cummax() 的用法和 cumsum() 的用法类似,可以求累计最大值、累计最小值。cumprod() 则可以实现累乘的效果,如将数据 1~10 滚动累乘,代码如下:

```r
#代码 3-34 cumprod()函数实现累乘
library(dplyr)
library(magrittr)
df <- c(1:10)
cumprod(df)
##[1]       1       2       6      24     120     720    5040   40320  362880
##[10] 3628800
```

3.7.4　group_by()与 summarise()函数

group_by()函数与 SQL 中的 group by 语法类似，在括号内输入一个或多个分类变量作为分组依据。group_by()函数与 summarise()函数结合使用，可实现分组求汇总值、最大值等功能，代码如下：

```
#代码3-35 分组汇总
library(dplyr)
library(magrittr)

#在 iris 数据集中计算每个品类有多少行(记录数)
iris %>% group_by(Species) %>% summarise(rows_count = n())
### A tibble: 3 × 2
##  Species     rows_count
##  <fct>          <int>
## 1 setosa           50
## 2 versicolor       50
## 3 virginica        50
#在 iris 数据集中计算每个品类 Sepal.Length 的最大值
iris %>% group_by(Species) %>%
summarise(Sepal.Length_max = max(Sepal.Length))
### A tibble: 3 × 2
##  Species     Sepal.Length_max
##  <fct>              <dbl>
## 1 setosa              5.8
## 2 versicolor          7
## 3 virginica           7.9
#在 iris 数据集中计算每个品类 Sepal.Length 的最大值及最小值
iris %>% group_by(Species) %>%
summarise(Sepal.Length_max = max(Sepal.Length),
          Sepal.Length_min = min(Sepal.Length))
### A tibble: 3 × 3
##  Species     Sepal.Length_max Sepal.Length_min
##  <fct>              <dbl>            <dbl>
## 1 setosa              5.8              4.3
## 2 versicolor          7                4.9
## 3 virginica           7.9              4.9
```

在上面的代码中 group_by(Species)对数据按照 Species 建立分组属性，之后通过 summarise()函数结合 n()、max()、min()函数获取指定组内的行数，指定变量 Sepal.Length 该组内的最大值及最小值。使用 group_by()将数据汇总生成新的数据集，新数据集仍旧包含了分组属性，有时在此基础上操作会受到分组属性干扰，可以使用 ungroup()把分组属性删除后再进行新操作。

在 summarise()中使用函数聚合等时，如果变量中存在 NA 值，则可能导致最终的值显示 NA。对于这种情况可以使用前面介绍的函数 drop_na()和 replace_na()等进行处理，也可以在聚合函数中设置参数 na.rm=TRUE，如使用 sum(待汇总变量, na.rm=TRUE)。

group_by()函数还有许多变体，如 group_split()、group_walk()等可实现不同的功能。

group_by()建立分组属性后,不仅可以使用上面的 summarise()函数汇总数据,还可以有其他灵活的运用,下面提取每组第 1 行和最后一行记录,代码如下:

```
#代码 3-36 分组抽取特殊行
library(dplyr)
library(magrittr)

#在 iris 数据集中提取每个品类的第 1 行和最后一行记录
iris %>% group_by(Species) %>% mutate(row_number = row_number()) %>%
  filter(row_number %in% c(1,n()))
## A tibble: 6 × 6
## Groups:   Species [3]
##   Sepal.Length Sepal.Width Petal.Length Petal.Width Species    row_number
##          <dbl>       <dbl>        <dbl>       <dbl> <fct>           <int>
## 1          5.1         3.5          1.4         0.2 setosa              1
## 2          5           3.3          1.4         0.2 setosa             50
## 3          7           3.2          4.7         1.4 versicolor          1
## 4          5.7         2.8          4.1         1.3 versicolor         50
## 5          6.3         3.3          6           2.5 virginica           1
## 6          5.9         3            5.1         1.8 virginica          50
```

代码 3-36 首先创建每组的行序号,之后使用 filter()结合%in%筛选第 1 行及最后一行。下面使用 slice()函数,可以不用先计算每组的行序号,操作更加简洁,代码如下:

```
#代码 3-37 使用 slice()函数分组抽取特殊行
library(dplyr)
library(magrittr)

#在 iris 数据集中提取每个品类的第 1 行和最后一行记录
iris %>% group_by(Species) %>%
  slice(c(1,n()))
## A tibble: 6 × 5
## Groups:   Species [3]
##   Sepal.Length Sepal.Width Petal.Length Petal.Width Species
##          <dbl>       <dbl>        <dbl>       <dbl> <fct>
## 1          5.1         3.5          1.4         0.2 setosa
## 2          5           3.3          1.4         0.2 setosa
## 3          7           3.2          4.7         1.4 versicolor
## 4          5.7         2.8          4.1         1.3 versicolor
## 5          6.3         3.3          6           2.5 virginica
## 6          5.9         3            5.1         1.8 virginica
```

与 group_by()相关的几个函数还有 first()、last()、nth()。分组后如果使用 first()函数,则会选取每组指定变量的第 1 个值。last()函数用于选取指定变量的最后 1 个值。在 nth()函数中通过输入参数 n 控制选取每组中指定变量第几行中的值,代码如下:

```
#代码 3-38 first()等分组抽取特殊行
library(dplyr)
```

```
library(magrittr)
#在iris数据集中提取每个品类的选择变量的第1个值和最后一个值
iris %>% group_by(Species) %>%
  summarise(Sepal.Length_first = first(Sepal.Length),
            Sepal.Length_last = last(Sepal.Length))
## # A tibble: 3 × 3
##   Species    Sepal.Length_first Sepal.Length_last
##   <fct>                   <dbl>             <dbl>
## 1 setosa                    5.1               5
## 2 versicolor                7                 5.7
## 3 virginica                 6.3               5.9
library(dplyr)
library(magrittr)
#在iris数据集中提取每个品类的选择变量的第2个值
iris %>% group_by(Species) %>%
  summarise(Sepal.Length_second = nth(Sepal.Length,2)
            )
## # A tibble: 3 × 2
##   Species    Sepal.Length_second
##   <fct>                    <dbl>
## 1 setosa                     4.9
## 2 versicolor                 6.4
## 3 virginica                  5.8
```

3.7.5　arrange()函数

arrange()函数可以实现对数据框进行排序,默认为以升序方式排列,结合desc()函数可以实现降序排列,结合match()函数可以按照已知序列的顺序进行排序,代码如下:

```
#代码3-39 数据框排序
library(dplyr)
library(magrittr)
#为了优化页面显示内容,结果使用head(5)展示前5行

#按照变量Sepal.Length升序排序
iris %>% arrange(Sepal.Length) %>% head(5)
## Sepal.Length Sepal.Width Petal.Length Petal.Width Species
## 1          4.3         3.0          1.1         0.1  setosa
## 2          4.4         2.9          1.4         0.2  setosa
## 3          4.4         3.0          1.3         0.2  setosa
## 4          4.4         3.2          1.3         0.2  setosa
## 5          4.5         2.3          1.3         0.3  setosa
#结合desc函数降序排序,按照变量Sepal.Length降序排序
iris %>% arrange(desc(Sepal.Length)) %>% head(5)
## Sepal.Length Sepal.Width Petal.Length Petal.Width  Species
## 1          7.9         3.8          6.4         2.0 virginica
```

```
##2              7.7         3.8         6.7      2.2 virginica
##3              7.7         2.6         6.9      2.3 virginica
##4              7.7         2.8         6.7      2.0 virginica
##5              7.7         3.0         6.1      2.3 virginica
#结合match()函数自定义排序:按照'virginica'、'setosa'、'versicolor'的先后顺序进行排序
iris %>% arrange(match(Species,c('virginica','setosa','versicolor'))) %>% head(5)
## Sepal.Length Sepal.Width Petal.Length Petal.Width   Species
##1              6.3         3.3         6.0      2.5 virginica
##2              5.8         2.7         5.1      1.9 virginica
##3              7.1         3.0         5.9      2.1 virginica
##4              6.3         2.9         5.6      1.8 virginica
##5              6.5         3.0         5.8      2.2 virginica
```

iris %>% arrange(Sepal.Length)表示对整个数据框按照Sepal.Length进行升序排列。在arrange()函数中可以输入多个参数,表示按照参数的输入顺序对整个数据框进行排序。

3.7.6 join()函数集合

join()函数集合中包含的常用函数有left_join()、right_join()、inner_join()。用法及原理和SQL中的left join、right join、inner join是一致的,只是表达方式不同,如将表dt_1和表dt_2拼接在一起的SQL语句为"select * from dt_1 left join dt_2 on dt_1.category=dt_2.category"。在R语言中使用dplyr包中的left_join函数的代码为"dt_1 %>% left_join(dt_2,by='category')",代码更加简洁。

要深刻理解上述函数,需要有一定的关系型数据库基础:主键、外键、第一范式、第二范式等,没有基础的读者可以先记住规则,即使用left_join()时右侧表中连接字段内容需唯一,使用right_join()时左侧表中连接字段内容需要唯一,否则主表数据会出现重复数据,也就是通常所讲的笛卡儿积。在实际运用中这样的笛卡儿积大多数情况不是读者需要的,所以需要遵守上面的规则,有意为之则除外。详见下面的例子,代码如下:

```
#代码3-40 join()函数实现数据拼接
library(dplyr)
library(magrittr)
dt_1 <- data.frame(category = c('A','B','C'),sales = c(10,30,20))
dt_2 <- data.frame(category = c('A','B'),profit = c(5,6))

#dt_1左连接dt_2,by = 'category'可以省略
dt_1 %>% left_join(dt_2,by = 'category')
## category sales profit
##1        A    10      5
##2        B    30      6
##3        C    20     NA
#dt_2右连接dt_1,by = 'category'可以省略
dt_2 %>% right_join(dt_1,by = 'category')
## category profit sales
```

```
##1         A       5       10
##2         B       6       30
##3         C       NA      20
#dt_2 内连接 dt_1,by = 'category'可以省略,只保留相匹配的行
dt_2 %>% inner_join(dt_1,by = 'category')
##  category profit sales
##1         A       5      10
##2         B       6      30
merge(dt_1,dt_2,by = 'category',how = 'left')
##  category sales profit
##1         A      10      5
##2         B      30      6
```

基础包中的 merge()函数也可以实现上述功能,代码如下:

```
#代码 3 - 41 merge()函数实现数据拼接
library(dplyr)
library(magrittr)
dt_1 <- data.frame(category = c('A','B','C'),sales = c(10,30,20))
dt_2 <- data.frame(category = c('A','B'),profit = c(5,6))

#dt_1 左连接 dt_2,by = 'category'可以省略
dt_1 %>% merge(dt_2,by = 'category',how = 'left')
##  category sales profit
##1         A      10      5
##2         B      30      6
#dt_2 右连接 dt_1,by = 'category'可以省略
dt_2 %>% merge(dt_1,by = 'category',how = 'right')
##  category profit sales
##1         A       5      10
##2         B       6      30
#dt_2 内连接 dt_1,by = 'category'可以省略,只保留相匹配的行
dt_2 %>% merge(dt_1,by = 'category',how = 'inner')
##  category profit sales
##1         A       5      10
##2         B       6      30
```

另外,如果对数据框进行追加或对多个数据框进行简单拼接,则可以使用基础包中的函数 rbind()、cbind()函数。当使用 rbind()时需要待拼接的表列名相同,当使用 cbind()时需要待拼接的表行数相同,但是可以没有主键,只是把数据简单地横向合并到一起。

rbind()需要待拼接的两个数据框的列名相同,对于列名不完全相同的两个数据框合并生成最大集可以使用 bind_rows()。最终结果是求同存异,即多个数据框的相同列会被追加在同列,不同的列均在新的合并结果中保留,缺失的数据以 NA 填充。

同理 bind_cols()函数与 cbind()函数对应,二者的关系可类比上面的 rbind()函数与 bind_rows()函数的关系。

3.7.7　R 语言循环及判断

在任何语言的编程过程中循环和判断运用的场景都非常广泛，在 R 语言中也不例外。对于循环语句，虽然 R 语言强调向量化及函数式编程，但是在特殊场景下更加灵活、更能满足实际需要，另外，如果有其他语言的编程背景，则 R 语言中的循环语句更容易为使用者掌握。如果需要将一个文件夹下的 CSV 文件汇总，并且这些 CSV 会被频繁地更新，则由于来源繁杂导致文件字符集、格式等存在不同的可能性，使用循环编程可以快速定位到报错或者预期外的某个点，便于进一步处理。在这类情况下，比直接使用 map() 或 apply() 函数更容易优化调试代码。

由于关于 R 编程中循环及条件判断使用的学习资料非常丰富，本节仅介绍 for 循环语句及 if 判断语句。for 循环的基本语法为 for(变量,变量循环范围){具体代码}，if 语句的基本语法为 if(判断真或否){如果判断为真,则执行代码}。

在下面的例子里，使用循环及判断将数据框中的空缺值 NA 替换为 0，这里没有使用现成的已经封装好的函数，代码相对烦琐，主要是为读者学习循环及判断有个总体概念。首先生成一个数据框 raw_data，每个变量中均有 NA 值。使用 for 循环按照行列循环，逐个判断是否是 NA，之后将是 NA 值的部分赋值为 0。代码中 ncol() 函数用于获得数据框的列数 3，1:ncol(raw_data)) 生成 1~3 的连续向量，等同于 c(1,2,3)。代码中的 nrow() 函数用于返回数据框的行数 6，1:nrow(raw_data) 用于生成 1~6 的连续向量，等同于 c(1,2,3,4,5,6)。代码运行完毕后查看 raw_data，可以发现所有 NA 被替换为 0，具体参见下面的例子，代码如下：

```
#代码 3-42 R语言循环使用 1
raw_data <- data.frame(category = c('a','b','d',NA,'E',NA),
                       sub_category = c('A','C',NA,NA,NA,'D'),
                       amount = c(1,2,NA,5,NA,8))

for (i in 1:ncol(raw_data)){
  for (j in 1:nrow(raw_data)){
    if (is.na(raw_data[j,i])){
      raw_data[j,i] <- 0
    }
  }
}
raw_data
## category sub_category amount
## 1       a            A      1
## 2       b            C      2
## 3       d            0      0
## 4       0            0      5
## 5       E            0      0
## 6       0            D      8
```

代码 3-42 是按照传统基础方法编写的代码，下面对代码进行简化，将每个变量（每列）

当作一个向量,统一从这个向量选出是 NA 的部分并赋值为 0,代码如下:

```
#代码 3-43 R语言循环使用 2
raw_data <- data.frame(category = c('a','b','d',NA,'E',NA),
            sub_category = c('A','C',NA,NA,NA,'D'),
            amount = c(1,2,NA,5,NA,8))

for (i in 1:ncol(raw_data)){
 raw_data[,i][is.na(raw_data[,i])] <- 0
}
raw_data
##  category sub_category amount
##1     a          A         1
##2     b          C         2
##3     d          0         0
##4     0          0         5
##5     E          0         0
##6     0          D         8
```

raw_data[,i][is.na(raw_data[,i])]的逻辑可以理解为数据框[,第 i 列][判断条件],如 i 为 1 本例中返回 category 中的错误值,即 2 个 NA(实际还包含 NA 所在的位置等信息),读者可以单独运行该部分代码。

R 语言中强调向量化编程、函数式编程。下面使用 mutate()函数结合 across()函数等去除数据框中的 NA 值,across()中的第 1 个函数 everything()表示选取数据框中的所有列,第 2 个参数表示对选取的列执行 str_replace_na()函数。整个过程比循环更加简洁、高效,代码如下:

```
#代码 3-44 R语言向量化编程
raw_data <- data.frame(category = c('a','b','d',NA,'E',NA),
            sub_category = c('A','C',NA,NA,NA,'D'),
            amount = c(1,2,NA,5,NA,8))


raw_data %>% mutate(across(everything(),~ stringr::str_replace_na(.,0)))
##  category sub_category amount
##1     a          A         1
##2     b          C         2
##3     d          0         0
##4     0          0         5
##5     E          0         0
##6     0          D         8
```

3.8　map()函数群

purrr 包中的 map_*()函数群可以替代循环,实现将函数或功能运用到原始数据的每个组中。map()函数输入的参数必须是列表 list 或者向量 vector。下面的例子用于生成 5 组随机正态数,每组均含 20 个值,每组均值分别为 1,2,3,4,5。若用循环调用 rnorm(20,每组均值)5 次即可得到结果。下面使用 map()函数来完成,map()函数将 function(x) rnorm(20,x) 视作一个函数,分别运用到 c(1,2,3,4,5)中的每个值,并将每个值视作 rnorm(20,x)中的均值 x,代码如下:

```
#代码 3-45 map()函数
library(magrittr)
library(purrr)
1:5 %>% map(function(x) rnorm(20,x))
##[[1]]
## [1]  0.2572601  0.1852584  0.9165663  2.0523200  0.1045350  2.7092042
## [7]  0.5332354  1.0469657  0.7356070  1.7118330  0.7720200  1.2340902
##[13]  0.5276446  1.2614835 -0.7773102  0.3052802  0.8429647 -1.5871845
##[19]  1.7093577 -0.9988739
##
##[[2]]
## [1]  1.7169736  4.1085748  1.8441503  2.8377471 -0.8253852  2.9829919
## [7]  1.5629016  1.7508358  2.5541466  2.9860964  2.1310005  2.0358309
##[13]  2.7629535  1.6225803  1.8191693  1.3105945  2.5088678  2.0430187
##[19]  0.2738276  1.7170434
##
##[[3]]
## [1]  3.796902  3.607153  2.872400  1.982365  4.056843  4.253985  3.290552  4.775438
## [9]  1.963672  2.505948  1.485144  2.297968  2.345866  2.664615  2.918104  1.409204
##[17]  2.740322  2.848264  2.034280  1.399345
##
##[[4]]
## [1]  3.609766  3.941724  5.204866  4.556049  1.911595  3.187335  4.576478  4.894244
## [9]  3.350930  5.343355  2.823849  4.112550  3.115842  3.213386  3.088823  3.455909
##[17]  5.042646  3.650304  4.833275  3.791341
##
##[[5]]
## [1]  4.429534  5.692255  4.224121  5.324190  5.906389  3.232494  7.270667  6.350881
## [9]  5.571604  3.788809  5.808625  6.998314  5.603432  5.888048  4.880133  4.799995
##[17]  4.731004  6.242625  5.547776  3.558754
```

上面代码返回的结果是 list 结构,如果希望以数据框的形式存储结果,则可使用 map_df()函数。由于数据框需要变量名称,因此需要原来的向量有名称,下面的代码先生成向量 my_seq,然后通过 names()函数给每个值赋一个名称,代码如下:

```
#代码 3-46 map_df()函数 1
library(magrittr)
library(purrr)
my_seq <- 1:5
names(my_seq) <- paste0("median_",1:5)
my_seq %>% map_df(function(x) rnorm(20,x))
###A tibble: 20 × 5
```

```
##  median_1 median_2 median_3 median_4 median_5
## <dbl>    <dbl>    <dbl>    <dbl>    <dbl>
## 1  -0.243   1.34     3.09     4.57     4.63
## 2   2.79    3.18     2.33     2.96     5.46
## 3   1.90    3.35     2.54     4.55     5.93
## 4   2.52    0.348    4.32     3.53     3.96
## 5   1.37    3.78     2.78     3.64     4.17
## 6   0.0531  4.08     2.53     3.85     6.53
## 7  -0.463   2.25     2.61     4.65     6.84
## 8   0.809   1.99     3.94     4.11     5.33
## 9  -0.0589  2.64     2.07     3.46     5.65
## 10  2.14    1.79     4.78     3.79     5.63
## 11  1.72    2.48     3.27     4.96     4.01
## 12  0.538   1.67     4.44     3.59     4.51
## 13  1.31    1.93     3.49     5.31     4.82
## 14  2.19    0.789    0.334    3.55     5.30
## 15 -0.0915 -0.0491   3.28     4.29     4.66
## 16  1.63    0.789    2.78     2.57     5.49
## 17  1.98    1.24     3.23     3.85     5.52
## 18  2.77    1.88     3.05     3.76     4.18
## 19  0.871   1.98     3.20     3.26     7.16
## 20  0.720   1.46     2.79     3.55     4.80
```

在3.7.7节,通过循环判断替换了其中的 NA 值,下面通过 map_df() 函数来完成。原始数据是数据框,通过 as.list() 转变为 list,之后传递给 map_df() 函数。map_df() 中使用了 stringr 包中的 str_replace_na() 函数, str_replace_na() 函数会先判断第1个参数中是否是 NA 值,如果是 NA 值,则替换为 0 值,代码如下:

```
#代码 3-47 map_df()函数 2
library(magrittr)
library(purrr)
raw_data <- data.frame(category = c('a','b','d',NA,'E',NA),
                       sub_category = c('A','C',NA,NA,NA,'D'),
                       amount = c(1,2,NA,5,NA,8))

raw_data %>% as.list() %>% map_df(function(x) stringr::str_replace_na(x,0))
## # A tibble: 6 × 3
## category sub_category amount
## <chr>    <chr>        <chr>
## 1 a       A            1
## 2 b       C            2
## 3 d       0            0
## 4 0       0            5
## 5 E       0            0
## 6 0       D            8
```

基础包中的 apply() 函数群的功能与此类似。map_*() 函数群还包含其他丰富的函数,即只有星号部分不同,但笔者认为上述两个函数最为常用。

第 4 章 ggplot2 可视化介绍

ggplot2 由于语法统一、所绘图形优雅美观,成为可视化最受欢迎的程序包之一。由于灵活一致的语法,加上不断有相关增强包出现,ggplot2 能满足绝大多数绘图者的需求。

ggplot2 由 Hadley Wickham 开发,他是新西兰统计学家、RStudio Inc. 的首席科学家,以及数所世界知名大学统计学兼职教授。

ggplot2 从概要角度可将内容分为图层、标度、坐标系统等。

(1) 图层(Layer):如果你用过 Photoshop,则对图层一定不会陌生。图层好比多层透明的玻璃堆叠在一起,每层包含各种图形元素,可以分别建立多个图层,然后叠放在一起,以此组合成图形的最终效果。图层可以允许用户一步步地构建图形,方便单独对图层进行修改、增加统计量,甚至改动数据。在 ggplot2 中使用"＋"号即可叠加不同图层,每个图层可以单独表达不同的内容,如现有一个图层绘制散点图,另外的图层可以增加回归曲线等内容。

(2) 标度(Scale):标度是一种函数,它控制了数学空间到图形元素空间的映射。一组连续数据可以映射到 x 轴,也可以映射到一组连续的渐变色彩。一组分类数据可以映射成为不同的形状,也可以映射成为不同的大小。标度可以控制坐标轴、边框颜色、填充颜色、透明度等。

(3) 坐标系统(Coordinate):坐标系统控制了图形的坐标轴并影响所有的图形元素,最常用的是直角坐标系,坐标轴可以进行变换以满足不同的需要,如对数坐标。其他可选的还有极坐标。

下面在第 2 章的基础上深入学习 ggplot2。本节使用来自 magrittr 包的管道操作符"%>%",用于将上一步的结果传递给下一步,意思等同于"然后"。管道操作的好处是节约代码量、减少了中间过程,即需要生成临时对象储存阶段结果。由于 ggplot2 包的出现早于 magrittr(),所以 ggplot2 内部依然需要使用"＋"号连接,并不支持"%>%"。

4.1 散点图

前述章节中的基础散点图反映出一个简单道理:整体销售额和销量正相关。下面进一步在图形中增加或修改信息。如果希望了解各个品类的销量和销售额之间的关系,则可以添加 color 参数,将 category 品类映射给颜色参数,最终 ggplot()函数会调用默认调色板给每个品类添加一种颜色。此时需要注意 color=category 一定需要放置在 aes()的内部,如果放置在它的外部,则会以无法识别 category 变量而报错。当将颜色统一设置为某个具体数值而不是映射变量时,可以放置在 aes()的外部。

使用 theme_classic()将经典主题用于绘图。主题就是图形的背景色、坐标格式等一组图形风格参数的集合,类似现在流行的手机主题是背景色、图片、字体等的组合,使用了某个主题就相当于一次性调用了这些参数。ggplot2 里面默认使用 theme_grey()主题。当然主题也可以通过 ggplot2 中的 theme()函数自定义。使用 theme_set()可以改变主题,代码如下:

```
#代码 4-1 散点图
library(ggplot2)
library(readr)
data1 <- read_csv('D://Per//MB//bookfile//Mbook//data//salesdata.csv')
## Rows: 4425 Columns: 5
## Column specification
## Delimiter: ","
## chr (3): date, category, region
## dbl (2): quantity, sales
##
## i Use `spec()` to retrieve the full column specification for this data
## i Specify the column types or set `show_col_types = FALSE` to quiet this message
#将数据集中的 category 映射给 color 参数,在图表中用颜色区别品类
ggplot(data1,aes(x = quantity,y = sales,color = category)) + geom_point() + theme_classic()
```

代码运行的结果如图 4-1 所示。

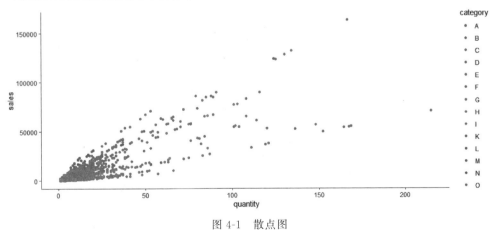

图 4-1　散点图

图 4-1 可以非常直观地反映出销量 quantity 和销售额 sales 之间的关系,对于整体数据探索分析非常有意义。

4.2 散点图局部放大

如果需要将图 4-1 中的散点图 x(0,50)、y(0,5000)部分放大,则可以使用 xlim()和 ylim()函数实现,在这两个函数中输入的是需要截取的坐标的最小值、最大值,代码如下:

```
#代码 4-2 散点图着色、局部放大
library(ggplot2)
library(readr)
data1 <- read_csv('D://Per//MB//bookfile//Mbook//data//salesdata.csv')
## Rows: 4425 Columns: 5
## Column specification
## Delimiter: ","
## chr (3): date, category, region
## dbl (2): quantity, sales
##
## i Use `spec()` to retrieve the full column specification for this data
## i Specify the column types or set `show_col_types = FALSE` to quiet this message
#将数据集中的 category 映射给 color 参数,在图表中用颜色区别品类
ggplot(data1,aes(x = quantity,y = sales,color = category)) + xlim(0,50) + ylim(0,50000) +
  geom_point() + theme_classic()
## Warning: Removed 90 rows containing missing values (geom_point)
```

代码运行的结果如图 4-2 所示。

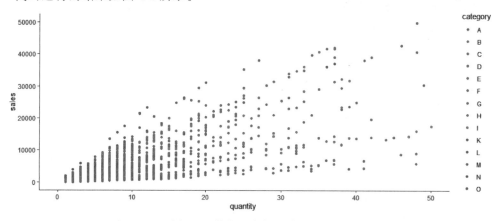

图 4-2 散点图着色、局部放大

在实际场景中,可将图 4-1 作为分析总览,得到进一步分析的思路或重点,通过图 4-2 细化或验证总览中的结论。

通过对各个品类 category 的散点图的大致观察,基本结论和整体是一致的,销量和销售额成正比。使用前面介绍的数据处理方法,可以对销量和销售额做一个精确的相关分析。首先计算整体销量和销售额之间的相关系数,代码如下:

```
# 代码 4-3 计算销量及销售额相关系数
library(ggplot2)
library(readr)
library(magrittr)
data1 <- read_csv('D://Per//MB//bookfile//Mbook//data//salesdata.csv')
## Rows: 4425 Columns: 5
## Column specification
## Delimiter: ","
## chr (3): date, category, region
## dbl (2): quantity, sales
##
## i Use `spec()` to retrieve the full column specification for this data
## i Specify the column types or set `show_col_types = FALSE` to quiet this message
with(data1,cor(quantity,sales))
## [1] 0.858609
```

在 read_csv()函数中添加参数 show_col_types = FALSE,导入数据时将不再出现提示信息,在默认情况下会显示导入的字段类型等内容。with()函数表示 cor()函数内的 quantity、sales 来自 data1,这样便可以节约代码量。当然代码也可以写为 cor(data1quantity,data1sales),或者使用来自 magrittr 包中的符号"%>%"。使用 dplyr 包中的 select()函数将需要把计算相关系数的变量取出来,之后使用 cor()函数也可以。通过计算得到整体销量和销售额的相关系数是 0.858,相关性非常高,当然实际业务场景这个相关性也可以解释。继续思考分析,为何系数不是 1 呢?因为每日销售结构是不同的,也就是每日各个品类的销售占比不同,另外价格不是恒定的,还有区域的影响,因此相关系数不是 1。如果只有一个品类且价格固定,则最终销售额和销量的相关系数就是 1。接下来计算各个品类 category 中销量和销售额的关系,代码如下:

```
# 代码 4-4 分组计算销量及销售额相关系数
library(ggplot2)
library(readr)
library(magrittr)
library(dplyr)

data1 <- read_csv('D://Per//MB//bookfile//Mbook//data//salesdata.csv')
## Rows: 4425 Columns: 5
## Column specification
## Delimiter: ","
## chr (3): date, category, region
## dbl (2): quantity, sales
##
## i Use `spec()` to retrieve the full column specification for this data
## i Specify the column types or set `show_col_types = FALSE` to quiet this message
data1 %>% group_by(category) %>% summarise(cor_index = cor(quantity,sales))
## # A tibble: 14 × 2
## category cor_index
```

```
## #<chr>         <dbl>
## 1 A            0.907
## 2 B            0.996
## 3 C            0.949
## 4 D            0.901
## 5 E            0.914
## 6 F            0.996
## 7 G            0.951
## 8 H            0.872
## 9 I            0.633
## 10 K           0.285
## 11 L           0.977
## 12 M           0.999
## 13 N           0.990
## 14 O           0.844
```

通过结果可以看到,绝大部分品类的销量与销售额之间的相关系数比较大。可以通过 filter()函数遴选出相关系数低于 0.6 的品类,在实际情况下如果这些品类具有重要性,则需要结合其他内容进行分析。下面按照相关系数 0.6 为界限,将相关系数分为"高"和"低"两类,最终对每类通过函数 n()计数,代码如下:

```
#代码 4-5 if_else()函数切割连续变量
library(ggplot2)
library(readr)
library(magrittr)
library(dplyr)

data1 <- read_csv('D://Per//MB//bookfile//Mbook//data//salesdata.csv')
## Rows: 4425 Columns: 5
## Column specification
## Delimiter: ","
## chr (3): date, category, region
## dbl (2): quantity, sales
##
## i Use `spec()` to retrieve the full column specification for this data
## i Specify the column types or set `show_col_types = FALSE` to quiet this message
data1 %>% group_by(category) %>% summarise(cor_index = cor(quantity,sales)) %>%
  mutate(cor_index_type = if_else(cor_index > 0.6,"高","低")) %>%
  group_by(cor_index_type) %>% summarise(n = n())
## # A tibble: 2 × 2
## cor_index_type      n
## <chr>            <int>
## 1 低                 1
## 2 高                13
```

共计 14 类商品,其中 13 类商品的相关系数超过 0.6,1 类商品的相关系数低于 0.6。以上代码以图形可视化作为开端,以具体精确数据作为补充,符合一般分析报告采用的逻辑。

4.3 气泡图

气泡图是散点图的变形,如在上面的例子中将 sales 映射给 size 参数并且添加 scale_size_area()即可绘制气泡图。scale_size_area()的作用是将图形点面积大小与原始数据值大小变为正比关系。为了提高显示效果,将随机抽取原始数据中的 60 条记录作为绘图数据,代码如下:

```
#代码 4-6 连续变量下的气泡图
library(ggplot2)
library(readr)
library(magrittr)
library(tidyverse)
data1 <- read_csv('D://Per//MB//bookfile//Mbook//data//salesdata.csv')
## Rows: 4425 Columns: 5
## Column specification
## Delimiter: ","
## chr (3): date, category, region
## dbl (2): quantity, sales
##
## i Use `spec()` to retrieve the full column specification for this data
## i Specify the column types or set `show_col_types = FALSE` to quiet this message
ggplot(data = data1[sample(nrow(data1),60),],
       aes(x = quantity, y = sales, size = sales)) +
  geom_point(color = 'pink') + scale_size_area() + theme_classic() + scale_size_area()
## Scale for 'size' is already present. Adding another scale for 'size', which will replace the
## existing scale
```

代码运行的结果如图 4-3 所示。

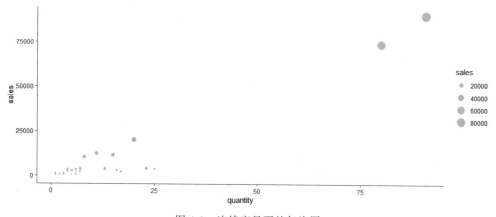

图 4-3 连续变量下的气泡图

图 4-3 是基于连续变量下的气泡图,其表达效果和散点图趋同。气泡图也可以运用到坐标轴是分类变量的场景,下面以 region、category 为坐标轴绘制气泡图,代码如下:

```
#代码 4-7 分类变量下的气泡图
library(ggplot2)
library(readr)
library(magrittr)
library(dplyr)
data1 <- read_csv('D://Per//MB//bookfile//Mbook//data//salesdata.csv')
##Rows: 4425 Columns: 5
##Column specification
##Delimiter: ","
##chr (3): date, category, region
##dbl (2): quantity, sales
##
##i Use `spec()` to retrieve the full column specification for this data
##i Specify the column types or set `show_col_types = FALSE` to quiet this message
data1 %>% group_by(region,category) %>% summarise(sales_total = sum(sales/10000)) %>%
    arrange(-sales_total) %>% head(10) %>%
ggplot(aes(x = category,y = region,size = sales_total)) +
    geom_point(color = 'pink') + scale_size_area() +
    geom_text(vjust = -1,aes(label = round(sales_total,1)),show.legend = FALSE) +
    theme_minimal()
## `summarise()` has grouped output by 'region'. You can override using the
## `.groups` argument
```

代码运行的结果如图 4-4 所示。

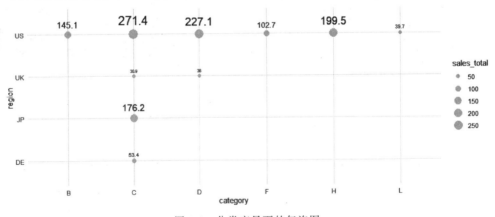

图 4-4 分类变量下的气泡图

图 4-4 中首先将数据汇总再取前 10 条纪录。在 geom_text()中添加 show.legend=FALSE,将文字大小图例删除。

图 4-4 分类变量下的气泡图反映了数据的 3 个维度,当然还可以增加更多维度,如将标签和字号大小显示为不同维度,增加额外的标签、改变填充颜色、改变点形状。上述图形不存在遮盖问题,更加清晰,在某些场景下作为数据对比更加直观。

4.4 棒棒糖图

首先绘制散点图,然后增加各个点与 x 轴的垂直线,即可完成棒棒糖图的绘制。为了使图形更加美观,将 x 轴按照金额排序,将金额大小映射到 size 参数。使用 geom_segment 添加线段,其包含 4 个参数,这 4 个参数 x、y、xend、yend 用于控制线段开始点和结束点的坐标,代码如下:

```
#代码 4-8 棒棒糖图
library(ggplot2)
library(readr)

data2 <- read_csv('D://Per//MB//bookfile//Mbook//data//category_salesdata.csv')
## Rows: 14 Columns: 2
## Column specification
## Delimiter: ","
## chr (1): category
## dbl (1): sales
##
## i Use `spec()` to retrieve the full column specification for this data
## i Specify the column types or set `show_col_types = FALSE` to quiet this message
ggplot(data2,aes(x = reorder(category,sales),y = sales)) + geom_point(aes(size = sales)) +
    geom_segment(aes(xend = reorder(category,sales),y = 0,yend = sales)) + theme_classic()
```

代码运行的结果如图 4-5 所示。

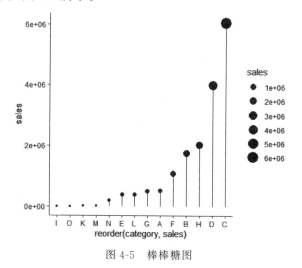

图 4-5　棒棒糖图

图 4-5 清晰地反映出 C 类销售额最大、D 类销售额紧随其后。点的大小和柱子高度都代表销售收入的大小,图形中通过二者强化了视觉效果。

散点图或气泡图在某些场景表达的趋势感也很强烈,图 4-5 通过添加垂直线强化了类别之间的对比关系,弱化了趋势效果,其中点的大小映射了销售额的大小。其实,此例中点和线段的高度表达的意义是重复的,可以通过颜色等弱化某个元素。如果想表达另外一个指标的大小,则可以映射到点大小上或者映射到添加的文字上。如何运用这些方法,从技术上讲是比较自由的,读者唯一要考虑的是假如图形使用在分析报告中,该图需要突出哪些内容,分析报告中的前后内容是什么关系,这些是决定如何绘制的重点因素。

4.5　哑铃图

哑铃图可以表示两个期间数据的变化,使用两个序列绘制散点图,中间用线段连接,与棒棒糖图使用的技巧类似。如果将连接线延长两端覆盖整个水平方向,配合散点图显示的数据,则称为滑珠图。在下面的例子中先通过 data.frame() 函数以数据框作为原始数据,随后绘制线段,再绘制两个序列散点图。连接线先绘制,否则会出现线段刺入点中的情况。线段连接线使用 if_else() 将负增长的类别以红色显示,其余的类别以灰色显示。最终将坐标轴旋转,突出水平对比关系,代码如下:

```
#代码 4-9 哑铃图
library(ggplot2)
library(magrittr)
mdata <- data.frame(category = c("A","B","C","D","E"),
                    sales_2020 = c(1,7,3,2,6),
                    sales_2021 = c(3,4,9,4,5))

ggplot(mdata,aes(x = reorder(category,sales_2020))) +
geom_segment(aes(xend = reorder(category,sales_2021),
                 y = sales_2020,yend = sales_2021),
             size = 0.5,
             color = if_else(mdata $ sales_2020 > mdata $ sales_2021,"red","grey70")) +
geom_point(color = 'lightblue',aes(y = sales_2020,size = sales_2020)) +
geom_point(color = 'darkblue',aes(y = sales_2021,size = sales_2021)) +
theme_classic() + coord_flip()
```

代码运行的结果如图 4-6 所示。

图 4-6 能够整齐直观地显示 2 期数据的变化,深色点表示 2021 年的销售额,浅色点表示 2020 年的销售额,中间的连接线条红色代表 2021 年销售额同比 2020 年是下降的。从图中观察:B 及 E 品类是下降的,C 品类增长最明显。

仔细观察可发现图例显示的是 sales_2020 序列点的大小,坐标轴 x 也只显示其中一个序列,需要进行优化。先将数据源通过 tidyr 包中的 gather() 函数将宽数据转换为长数据,绘图时将年份映射到颜色。坐标轴名称通过 labs() 函数给予修改,代码如下:

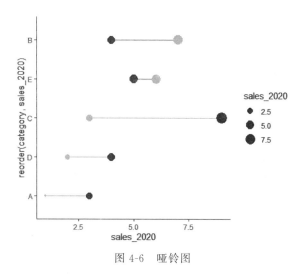

图 4-6　哑铃图

```
# 代码 4-10 哑铃图着色
library(ggplot2)
library(magrittr)
library(dplyr)
library(tidyr)
# 使用 data.frame()函数建立数据框 mdata
mdata <- data.frame(category = c("A","B","C","D","E"),
                    sales_2020 = c(1,7,3,2,6),
                    sales_2021 = c(3,4,9,4,5))
# 使用 tidyr 包中的 gather()函数将数据框转换为长数据
mdata_long <- mdata %>% gather(key = 'year', value = 'sales', -category) %>%
# 使用 stringr 包中的 str_remove()函数将 year 变量中的 sales_去除:留下 2020、2021
    mutate(Year = stringr::str_remove(year,'sales_'))

# 使用长数据 mdata_long 绘制点图,使用原始宽数据 mdata 通过 geom_segment()函数绘制线段
ggplot(mdata_long,aes(x = reorder(category,sales))) +
  geom_segment(data = mdata,aes(x = reorder(category,sales_2020),
                                xend = category,
                                y = sales_2020,yend = sales_2021),
               size = 0.5,
               color = if_else(mdata $ sales_2020 > mdata $ sales_2021,"red","grey70")) +
  geom_point(aes(y = sales,size = sales,color = year)) +
  scale_size_continuous(guide = FALSE) +
  labs(x = 'category', y = 'sales_2020 vs 2021') +
  theme_classic() + coord_flip()
# labs()函数将 x 轴和 y 轴标签分别设置为 sales_2020 vs 2021、category
```

代码运行的结果如图 4-7 所示。

图 4-7 对点颜色、图例进行优化后更能反映图 4-6 的观测结论。

图 4-7 还需进一步优化,增加点值标签、增长额、增长率标签。计算增长额及增长率,便于绘制图形显示,代码如下:

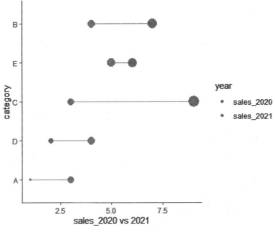

图 4-7 哑铃图着色

```
#代码 4-11 哑铃图添加标签
library(ggplot2)
library(magrittr)
library(dplyr)
library(tidyr)
#在使用 data.frame()函数建立数据框 mdata
mdata <- data.frame(category = c("A","B","C","D","E"),
                    sales_2020 = c(1,7,3,2,6),
                    sales_2021 = c(3,4,9,4,5))
#在数据框 mdata 中增加增长额 increase 及增长率 increase_percent 变量
mdata <- mdata %>% mutate(increase = sales_2021 - sales_2020,
                          increase_percent = increase/sales_2020)
#使用 tidyr 包中的 gather()函数将数据框转换为长数据
mdata_long <- mdata %>%
  gather(key = 'year',value = 'sales', - c(category,increase,increase_percent)) %>%
  mutate(Year = stringr::str_remove(year,'sales_'))

ggplot(mdata_long,aes(x = reorder(category,sales),y = sales)) +
  geom_segment(data = mdata,aes(x = reorder(category,sales_2020),
                                xend = category,
                                y = sales_2020,yend = sales_2021),
               size = 0.5,
               color = if_else(mdata $ sales_2020 > mdata $ sales_2021,"red","grey70")) +
  geom_point(aes(y = sales,size = sales,color = year)) +
  geom_text(vjust = -1,aes(label = sales,color = year),show.legend = FALSE) +
#增加 geom_text()将增长率添加到连接线的中间
  geom_text(data = mdata,
            size = 3,
            color = if_else(mdata $ increase < 0,'red','darkblue'),
            vjust = -1,aes(x = category,y = sales_2020 + increase/2,
                           label = scales::percent(increase_percent)),
```

```
    show.legend = FALSE) +
#将大小对应的图例删除
  scale_size_continuous(guide = FALSE) +
  labs(x = 'sales_2020 vs 2021', y = 'category') +
  theme_classic() + coord_flip()
## Warning: It is deprecated to specify `guide = FALSE` to remove a guide. Please use `guide =
## "none"` instead
```

优化后的哑铃图结果如图 4-8 所示。

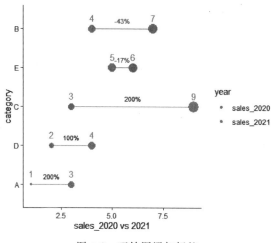

图 4-8　哑铃图添加标签

图 4-8 是整个哑铃图优化后的效果。在实际工作中补充标题或副标题做简单文字提示过渡，即可作为分析输出结果。

4.6　柱状图

使用 geom_bar(stat = 'identity') 可以绘制柱状图，结合 reorder() 函数使柱子按照销售额降序排列。使用 geom_text() 添加柱状图值标签，当 vjust = 1 时标签向下微调。使用 theme() 函数对图进行修饰：axis.text.y = element_blank() 表示删除 y 轴标签文字，axis.ticks.y = element_blank() 表示删除 y 轴刻度线，legend.position = 'NONE' 表示删除图例，代码如下：

```
#代码 4－12 柱状图
#将绘图包加载到R环境
library(ggplot2)
library(magrittr)
library(dplyr)
library(readr)
data2 <- read_csv('D://Per//MB//bookfile//Mbook//data//category_salesdata.csv')
```

```
# # Rows: 14 Columns: 2
# # Column specification
# # Delimiter: ","
# # chr (1): category
# # dbl (1): sales
# #
# # i Use `spec()` to retrieve the full column specification for this data
# # i Specify the column types or set `show_col_types = FALSE` to quiet this message
# reorder(category, - sales)表示按照 sales 值对 category 由大到小进行排列
# aes(fill = category)将分类变量 category 映射到 fill 填充色
# theme 对图形在使用 classic 主题的基础上进行美化

ggplot(data2, aes(x = reorder(category, - sales), y = sales )) +
  geom_bar(stat = 'identity', aes(fill = category)) +
  geom_text(vjust = 1, aes(label = round(sales/10000, 0))) +
  theme_classic() + theme(axis.text.y = element_blank(),
                          axis.ticks.y = element_blank(),
                          legend.position = 'NONE')
```

代码运行的结果如图 4-9 所示。

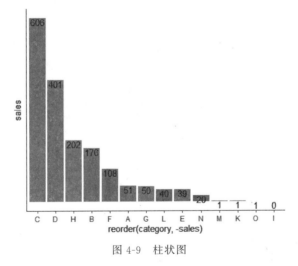

图 4-9 柱状图

图 4-9 可以快速展示各产品品类对应的销售额大小,图中的标签提供给阅读者精确的销售额值。如果追求完美,x 轴标签还需要再调整,并且填充颜色,另外还有优化空间的可能。该优化内容详见 4.10 节。

通常以饼图显示比较序列的结构占比,但当序列超过 3 类时,由于肉眼观察能力有限,饼图已经不能做到精确对比了,而柱状图可以精确比较每个品类的值,因此显示多序列表时建议以柱状图等替代饼图。

geom_bar()中参数的解释如下。

(1) stat:设置统计方法,有效值是 count(默认值)和 identity。其中,count 表示条形

的高度是变量中值的个数,identity 表示条形的高度是变量的值。

(2) position:位置调整,有效值是 stack、dodge 和 fill,默认值为 stack(堆叠),是指两个条形图堆叠摆放,dodge 是指两个序列在条形图中水平显示,fill 是指按照比例来堆叠条形图,条形图中每个柱子的高度都相等,但是高度包含的数量不尽相同。

(3) width:条形图的宽度,此宽度是个比值,默认值为 0.9。

(4) color:条形图的边框线条颜色。

(5) fill:条形图的柱子底色填充色。

4.7 柱状图填充色调整

图 4-9 反映了每个品类映射到填充颜色,从专业审美角度考虑,过多无规律的颜色降低了通过视觉传递信息的速度,建议用同一种颜色或者使用一种基础颜色生成渐变色。下面使用 RColorBrewer 包中的 Greens 调色板,通过 brewer.pal()函数提取 9 种以二进制代码表示的颜色,之后通过 colorRampPalette()将颜色渲染计算为 14 种颜色,以便和数据中的 14 个品类对应。代码生成的颜色是由浅到深渐变的,可通过 rev()调整为由深到浅。最终 scale_fill_manual()函数将计算好的颜色运用到图表中。为了配合颜色设置,首先对数据中的 category 进行排序,并设置为因子类型,这里没有直接使用 factor()函数,而是使用了 forcats 包中的 fct_inorder()函数。fct_inorder()函数将 category 设置为因子,并且因子水平按照原始数据的顺序。为了更好地显示文本标签,将 geom_text()中 vjust 的值调整为 -0.5,代码如下:

```
#代码 4-13 柱状图着色
#加载绘图包到 R 环境
library(ggplot2)
library(magrittr)
library(dplyr)
library(readr)
library(RColorBrewer)
data2 <- read_csv('D://Per//MB//bookfile//Mbook//data//category_salesdata.csv')
## Rows: 14 Columns: 2
## Column specification
## Delimiter: ","
## chr (1): category
## dbl (1): sales
##
## i Use `spec()` to retrieve the full column specification for this data
## i Specify the column types or set `show_col_types = FALSE` to quiet this message
#reorder(category, -sales)表示按照 sales 值对 category 由大到小进行排列
#aes(fill = category)将分类变量 category 映射到 fill 填充色
#theme 对图形在使用 classic 的基础上进行美化
data2_1 <- data2 %>% arrange(-sales) %>% mutate(category = forcats::fct_inorder(category)) %>%
  ggplot(data2_1, aes(x = category, y = sales )) +
```

```
            geom_bar(stat = 'identity',aes(fill = category)) +
            geom_text(vjust = -0.5,aes(label = round(sales/10000,0))) +
            theme_classic() + theme(axis.text.y = element_blank(),
                                    axis.ticks.y = element_blank(),
                                    legend.position = 'NONE') +
            scale_fill_manual(values = rev(colorRampPalette(brewer.pal(9,"Greens"))(14)))
```

代码运行的结果如图 4-10 所示。

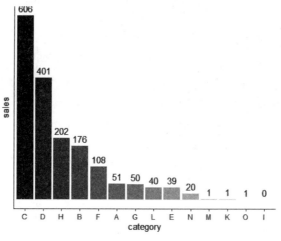

图 4-10　柱状图着色

图 4-10 配色的过程代码略显啰唆,但是对其配色过程稍加改变即可生成千变万化种颜色,值得深入学习。同时,掌握这个技巧后对图形颜色控制将会达到另外一个水平。上例中,如果品类 category 小于或等于 9 个,则读者可以直接使用 scale_fill_brewer(palette="Greens")来完成。为了达到更好的现实效果,首先使用 filter()函数将前 9 个品类筛选出来,filter(category %in% head(levels(data2_1$category),9))表示将 category 在按照 data2_1 中 category 前 9 个因子水平筛选出来。levels(data2_1$category)表示获取 data2_1 中 category 的因子水平,head(9)表示取前 9 个。最终添加代码 scale_fill_brewer(palette="Greens",direction=-1),其中 direction=-1 表示颜色按照由深至浅填充,默认为由浅至深填充,代码如下:

```
#代码 4-14 柱状图着色 2
#加载绘图包到 R 环境
library(ggplot2)
library(magrittr)
library(dplyr)
library(readr)
library(RColorBrewer)
data2 <- read_csv('D://Per//MB//bookfile//Mbook//data//category_salesdata.csv')
# # Rows: 14 Columns: 2
```

```
## Column specification
## Delimiter: ","
## chr (1): category
## dbl (1): sales
##
## i Use `spec()` to retrieve the full column specification for this data
## i Specify the column types or set `show_col_types = FALSE` to quiet this message
#reorder(category,-sales)表示按照sales值对category由大到小进行排列
#aes(fill=category)将分类变量category映射到fill填充色
#theme对图形在使用classic的基础上进行美化
data2_1 <- data2 %>% arrange(-sales) %>% mutate(category = forcats::fct_inorder(category))
data2_1 %>% filter(category %in% head(levels(data2_1 $ category),9)) %>% ggplot(aes(x =
category,y = sales )) +
  geom_bar(stat = 'identity',aes(fill = category)) +
  geom_text(vjust = -0.5,aes(label = round(sales/10000,0))) +
  theme_classic() + theme(axis.text.y = element_blank(),
                          axis.ticks.y = element_blank(),
                          legend.position = 'NONE') +
  scale_fill_brewer(palette = "Greens",direction = -1)
```

代码运行的结果如图4-11所示。

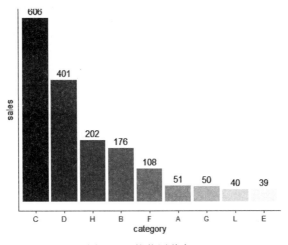

图4-11 柱状图着色2

由于Greens是冷色,因此深颜色更能吸引视线的注意,图4-11中柱子越高表示该品类越重要,因此对颜色做了从深至浅调整。如果实际遇到的情况或想表达的内容逻辑不同,则不应该这么做,这个是背后深层次的逻辑。上面对颜色的调整技巧也适合其他图形,因此后面图形不再重复讲述这部分内容。读者如果刚开始接触R语言绘图,则该部分内容会有一定难度,暂时了解一个大概,后续逐步理解掌握也可以。

4.8 堆积柱状图

堆积柱状图是常见的图形，同一个柱子有多个序列存在。本例中使用 geom_col() 函数绘制柱状图，这个和 geom_bar() 函数实现的效果是一致的，唯一区别是 geom_bar() 函数中需要输入 stat = 'identity'。为了达到更好的视觉效果，使用 geom_col(color = 'white') 将柱子周围边框设置为白色。geom_text() 将各个序列对应的金额添加到图中，其中设置参数 position = 'stack' 将文字和堆积图匹配，if_else() 函数用于删除金额小于 10 万元的标签，代码如下：

```
#代码4-15 堆积柱状图
library(ggplot2)
library(readr)
library(dplyr)
library(magrittr)
data1 <- read_csv('D://Per//MB//bookfile//Mbook//data//salesdata.csv')
## Rows: 4425 Columns: 5
## Column specification
## Delimiter: ","
## chr (3): date, category, region
## dbl (2): quantity, sales
##
## i Use `spec()` to retrieve the full column specification for this data
## i Specify the column types or set `show_col_types = FALSE` to quiet this message
data1_0 <- data1 %>% group_by(category,region) %>% summarize(sales_total = sum(sales)/
10000) %>% filter(region %in% c('US','JP','UK') )
## `summarise()` has grouped output by 'category'. You can override using the `.groups` argument
ggplot(data1_0,aes(x = category,y = sales_total,fill = region)) +
  geom_col(color = 'white') + theme_classic() +
  geom_text(vjust = 1.5,size = 5,position = 'stack',color = if_else(data1_0 $ sales_total <
10,'NA','black'),
            aes(label = round(sales_total,1)))
```

代码运行的结果如图 4-12 所示。

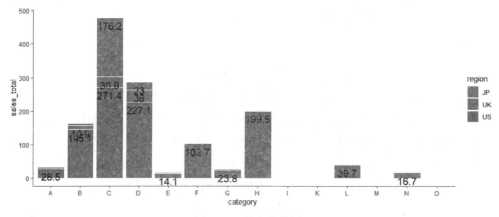

图 4-12 堆积柱状图

图 4-12 表示了不同品类中各个地区的销售额。从图形信息考虑，可以增加整个柱子值标签、百分比标签等，整体表达的信息将会更加充分。

4.9 百分比柱状图

百分比柱状图即每根柱子均代表 100%，各个序列展示的是占某根柱子的百分比，柱子间比较的也是占比值，因此可能相等面积的区域在不同柱子间代表的金额是不同的，这需要特别注意。ggplot2 中的 geom_col()函数在绘制百分比柱状图时只需添加 position = 'fill'，同样地，在 geom_bar()中也是同样的操作，代码如下：

```
#代码 4-16 百分比柱状图
library(ggplot2)
library(readr)
library(dplyr)
library(magrittr)
data1 <- read_csv('D://Per//MB//bookfile//Mbook//data//salesdata.csv')
## Rows: 4425 Columns: 5
## Column specification
## Delimiter: ","
## chr (3): date, category, region
## dbl (2): quantity, sales
##
## i Use `spec()` to retrieve the full column specification for this data
## i Specify the column types or set `show_col_types = FALSE` to quiet this message
data1_0 <- data1 %>% group_by(category,region) %>% summarize(sales_total = sum(sales)/
10000) %>% filter(region %in% c('US','JP','UK') )
## `summarise()` has grouped output by 'category'. You can override using the `.groups` argument
ggplot(data1_0,aes(x = category,y = sales_total,fill = region)) +
    geom_col(color = 'white',position = 'fill') + theme_classic()
```

代码运行的结果如图 4-13 所示。

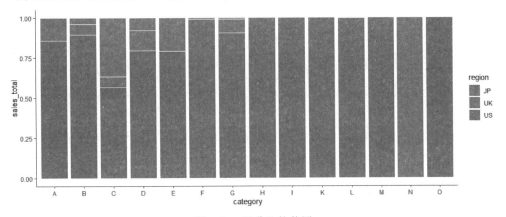

图 4-13 百分比柱状图

图 4-13 面积百分比柱状图展示了各个品类中不同地区的占比,这个与用多个饼图来比较结构品类间结构差异更精确、更容易被肉眼识别。图 4-13 增加了标签,增加绝对数值将会增强图形中的信息,第一点读者可参考图 4-14,第二点可以在柱状图上增加点或随值大小变化的标签文字,也就是将销售额映射到 size 参数,当然方法不局限于此。

结构变化使用二维密度图中 geom_tile() 也可以表达,在后面章节中将进行介绍。图 4-13 通过 position = 'fill' 实现了百分比柱状图的绘制,比较简便,但当希望添加文本标签时直接实现不了。下面通过数据处理改变原始数据,在原始数据中计算好 geom_text() 函数中 label 参数所需要的值,代码如下:

```
#代码 4-17 百分比柱状图添加标签
library(ggplot2)
library(readr)
library(dplyr)
library(magrittr)
data1 <- read_csv('D://Per//MB//bookfile//Mbook//data//salesdata.csv')
## Rows: 4425 Columns: 5
## Column specification
## Delimiter: ","
## chr (3): date, category, region
## dbl (2): quantity, sales
##
## i Use `spec()` to retrieve the full column specification for this data
## i Specify the column types or set `show_col_types = FALSE` to quiet this message
data1_0 <- data1 %>% group_by(category,region) %>% summarize(sales_total = sum(sales)/10000) %>% filter(region %in% c('US','JP','UK') ) %>%
  group_by(category) %>% mutate(sales_weight = sales_total/sum(sales_total))
## `summarise()` has grouped output by 'category'. You can override using the `.groups`
## argument
ggplot(data1_0,aes(x = category,y = sales_weight,fill = region)) +
  geom_col(color = 'white',position = 'stack') + theme_classic() +
  geom_text(color = if_else(data1_0 $ sales_weight < 0.04,'NA','black'),position = 'stack',
vjust = "inward",aes(label = scales::percent(sales_weight,1))) +
  theme(axis.text.y = element_blank(),
        axis.ticks = element_blank(),
        axis.line.y = element_blank())
```

代码运行的结果如图 4-14 所示。

在图 4-14 中增加了标签,从直观及精确两个方面展示了品类间不同地区的占比情况。由于 y 轴没有存在的意义,因此将其去除:axis.text.y = element_blank() 去除标签、axis.ticks = element_blank() 去除标签刻度、axis.line.y = element_blank() 去除 y 轴垂直线。

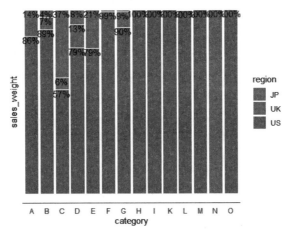

图 4-14 百分比柱状图添加标签

4.10 条形图

geom_bar()绘制的图形为柱状图,通过 coord_flip()对坐标轴旋转可得到条形图。当柱状图的 x 轴标签文本过长时,较难全面显示,将其坐标轴转置为条形图是首选方案。使用 geom_text 添加柱状图值标签,hjust=1 将标签向左微调,代码如下:

```
#代码4-18 条形图
#将绘图包加载到R环境
library(ggplot2)
library(magrittr)
library(dplyr)
library(readr)
data2 <- read_csv('D://Per//MB//bookfile//Mbook//data//category_salesdata.csv')
## Rows: 14 Columns: 2
## Column specification
## Delimiter: ","
## chr (1): category
## dbl (1): sales
##
## i Use `spec()` to retrieve the full column specification for this data
## i Specify the column types or set `show_col_types = FALSE` to quiet this message
#reorder(category,sales)表示按照 sales 值对 category 由小到大进行排列
#aes(fill = category)将分类变量 category 映射到 fill 填充色
#coord_flip()对坐标轴进行旋转
#theme 对图形在使用 classic 的基础上进行美化

ggplot(data2,aes(x = reorder(category,sales),y = sales )) +
  geom_bar(stat = 'identity',aes(fill = category)) +
  geom_text(hjust = 1,aes(label = round(sales/10000,0))) +
```

```
coord_flip() +
theme_classic() + theme(axis.text.x = element_blank(),
                        axis.ticks.x = element_blank(),
                        legend.position = 'NONE')
```

代码运行的结果如图 4-15 所示。

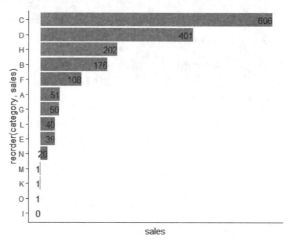

图 4-15　条形图

图 4-15 展示的内容已经非常直观,表达的意思不再赘述。在填充颜色方面可以进行优化,可参考柱状图,此处就不进行详细讲解。默认情况下柱子和 y 轴之间有空白区域,可以添加 expand() 将空白区域去除,代码如下:

```
#代码 4-19 去除图形与坐标轴间的空白区域
#将绘图包加载到R环境
library(ggplot2)
library(magrittr)
library(dplyr)
library(readr)
data2 <- read_csv('D://Per//MB//bookfile//Mbook//data//category_salesdata.csv')
##Rows: 14 Columns: 2
##Column specification
##Delimiter: ","
##chr (1): category
##dbl (1): sales
##
##i Use `spec()` to retrieve the full column specification for this data
##i Specify the column types or set `show_col_types = FALSE` to quiet this message
#reorder(category,sales)表示按照 sales 值对 category 由小到大进行排列
#aes(fill = category)将分类变量 category 映射到 fill 填充色
#coord_flip()对坐标轴进行旋转
#theme 对图形在使用 classic 的基础上进行美化

ggplot(data2 %>% filter(sales>190000),aes(x = reorder(category,sales),y = sales )) +
```

```
geom_bar(stat = 'identity',aes(fill = category)) +
geom_text(hjust = 1,aes(label = round(sales/10000,0))) +
coord_flip() +
theme_classic() + theme(axis.text.x = element_blank(),
                        axis.ticks.x = element_blank(),
                        legend.position = 'NONE') +
  scale_y_continuous(expand = expansion(mult = c(0,0.1)))
```

代码运行的结果如图 4-16 所示。

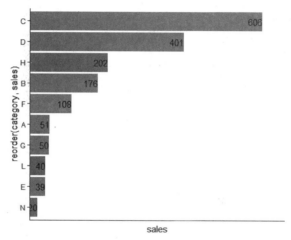

图 4-16 去除图形与坐标轴间的空白区域

图 4-16 去除图形和 y 坐标轴间的距离后整体图形更加紧凑,读者若希望更加专业,则可以调整填充颜色、序列间距离、x 轴和 y 轴标题等。当处理长标签可视化时,使用柱状图会导致标签拥挤,强烈建议改为条形图。另外,在缩小序列间距的基础上将标签放到序列柱子的附近也是不错的选择。

4.11 折线图

多序列折线图可以在基础折线图的基础上将另外的变量映射到 color、linetype 等参数上。绘制折线图有时代码不报错,也不显示图形结果,这时增加 group 参数一般可以解决此问题,代码如下:

```
#代码4-20 多序列折线图
library(dplyr)
library(magrittr)
library(ggplot2)
#将 readr 包加载到 R 环境,用于将 salesdata.csv 文件导入 R 环境
library(readr)
data1 <- read_csv('D://Per//MB//bookfile//Mbook//data//salesdata.csv')
```

```
## Rows: 4425 Columns: 5
## Column specification
## Delimiter: ","
## chr (3): date, category, region
## dbl (2): quantity, sales
## 
## i Use `spec()` to retrieve the full column specification for this data
## i Specify the column types or set `show_col_types = FALSE` to quiet this message
data1 %>% group_by(category,date) %>%
  summarise(sales_total = sum(sales)) %>%
  ggplot(aes(x = date, y = sales_total,
             color = category, group = category)) +
  geom_line() + theme_classic()
## `summarise()` has grouped output by 'category'. You can override using the `.groups` argument
```

代码运行的结果如图 4-17 所示。

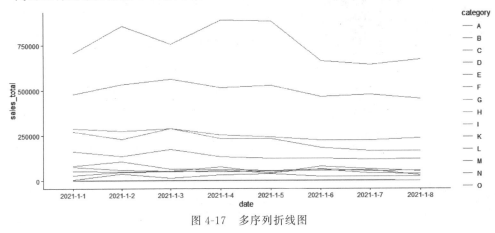

图 4-17　多序列折线图

图 4-17 反映了不同品类的销售收入趋势,同时也比较了序列间销售收入的水平。如果读者只是希望了解数据间的趋势差异,不关心数据的大小,则可以对数据进行标准化后展示,详细内容可参考 4.14 节。

配合日期坐标使用折线图是可视化趋势数据最常用的方法。金融领域中的股票趋势、汇率趋势等均可见到折线图的运用。geom_line() 线图中其他的常用参数:group 表示线的分组,alpha 用于设置线的透明度,color 用于设置线的颜色,size 用于设置线的粗细;linetype 用于设置线的类型,R 中可用的类型有 twodash、solid、longdash、dotted、dotdash、dashed、blank 这几种。

4.12　折线图强调某些序列

图 4-17 可以反映各个品类的趋势,但在实际工作中可能需要突出金额大的线条,这时通过调整颜色、透明度、粗细等维度便可实现。下面通过线条的粗细来区别数据的重

要性：需要在 aes() 增加 size=category 映射，之后使用 scale_size_manual 自定义线条粗细。seq(2,0.6,length=14) 表示用 14 条线条 size 属性生成一个向量，最大值为 2，最小值为 0.6，代码如下：

```
#代码 4-21 多序列折线图设置线条粗细
library(dplyr)
library(magrittr)
library(ggplot2)
#将 readr 包加载到 R 环境,用于将 salesdata.csv 文件导入 R 环境
library(readr)
data1 <- read_csv('D://Per//MB//bookfile//Mbook//data//salesdata.csv')
## Rows: 4425 Columns: 5
## Column specification
## Delimiter: ","
## chr (3): date, category, region
## dbl (2): quantity, sales
##
## i Use `spec()` to retrieve the full column specification for this data
## i Specify the column types or set `show_col_types = FALSE` to quiet this message
data1 %>% group_by(category,date) %>%
  summarise(sales_total = sum(sales)) %>%
  ggplot(aes(x = date, y = sales_total,
             color = category,group = category,size = category)) +
  geom_line() + theme_classic() +
  scale_size_manual(values = seq(2,0.6,length = 14))
## `summarise()` has grouped output by 'category'. You can override using the `.groups` argument
```

代码运行的结果如图 4-18 所示。

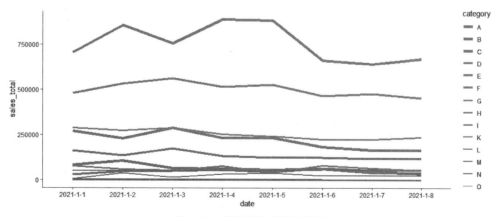

图 4-18　折线图线条粗细设置

图 4-18 的线条间粗细有了区别，在一定程度上优化了对数值从大到小的视觉感受，但是仔细查看可发现，线条粗细与线条表示的金额大小不是完全匹配的，如从上至下第 3 条线比第 4 条线细。

下面的代码 4-22 通过设置因子 factor 来修正：factor 是类别变量，其有值及 levels 属性，Levels 定义了因子的顺序，在绘图的过程中许多地方会使用这个顺序，非常有用。代码 4-22 中，先按照 category 汇总排序，得到各个 category 的顺序，最后将这个因子定义的顺序赋值给原始数据，之后直接绘图即可，ggplot2 会自动识别这个因子顺序，并与 size 函数 scale_size_manual 生成的值匹配。为了实现更好的效果，增加对透明度的调整，在 aes 内部增加 alpha 参数，配合 scale_alpha_manual 使用，具体可类比 scale_size_manual，代码如下：

```r
#代码4-22 多序列折线图通过因子着色
library(dplyr)
library(magrittr)
library(ggplot2)
#将readr包加载到R环境,用于将salesdata.csv文件导入R环境
library(readr)
data1 <- read_csv('D://Per//MB//bookfile//Mbook//data//salesdata.csv')
#首先按照品类汇总,并由大到小进行排序
category_factor <- data1 %>% group_by(category) %>%
  summarise(sales_total = sum(sales)) %>% arrange(-sales_total)

#将data1中的category变为因子,levels按照category_factor中category的顺序赋值
data1$category <- factor(data1$category,levels = category_factor$category)

#后续直接绘图即可,为了实现更好的效果,添加透明度alpha参数及scale_alpha_manual
data1 %>% group_by(category,date) %>%
  summarise(sales_total = sum(sales)) %>%
  ggplot(aes(x = date,y = sales_total,
             color = category,group = category,size = category,alpha = category)) +
  geom_line() + theme_classic() +
  scale_size_manual(values = seq(2,0.6,length = 14)) +
  scale_alpha_manual(values = seq(1,0.05,length = 14))
## `summarise()` has grouped output by 'category'. You can override using the `.groups` argument
```

代码运行的结果如图 4-19 所示。

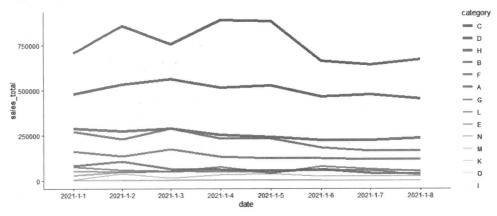

图 4-19 按因子顺序着色

图 4-19 通过设置 factor 对线条粗细与销售额进行了关联,销售额大的序列线条更加明显。线条粗细与线条、y 轴坐标值及线条上下排布等结合后视觉效果得到了显著提升。当然,图 4-19 假设读者需要表达序列重要性与销售额大小是一致的。

4.13 折线图添加拟合曲线

通过 geom_smooth()可以对折线图、散点图添加拟合曲线。geom_smooth(se=FALSE,span=0.9)中 se=FALSE 表示不显示置信区间,span 可以调整曲线的平滑程度,值越大曲线越平滑。geom_smooth 也可以添加 color、size 等参数美化颜色、大小等内容,代码如下:

```
#代码4-23 折线图添加拟合曲线
library(dplyr)
library(magrittr)
library(ggplot2)
#将 readr 包加载到 R 环境,用于将 salesdata.csv 文件导入 R 环境
library(readr)
data1 <- read_csv('D://Per//MB//bookfile//Mbook//data//salesdata.csv')
## Rows: 4425 Columns: 5
## Column specification
## Delimiter: ","
## chr (3): date, category, region
## dbl (2): quantity, sales
##
## i Use `spec()` to retrieve the full column specification for this data
## i Specify the column types or set `show_col_types = FALSE` to quiet this message
#选择 A 序列
data1_1 <- data1 %>% filter(category %in% c('A')) %>%
  group_by(category,date) %>%
  summarise(sales_total = sum(sales))
## `summarise()` has grouped output by 'category'. You can override using the `.groups` argument
data1_1 %>%
  ggplot(aes(x = date,y = sales_total,group = category)) +
  geom_line(alpha = 0.8) + geom_smooth(se = FALSE,span = 0.9,color = 'red') +
  theme_classic()
## `geom_smooth()` using method = 'loess' and formula 'y ~ x'
```

代码运行的结果如图 4-20 所示。

图 4-20 添加拟合曲线可以快速将趋势表达出来。当然,如果希望评估拟合线对原始观测值的代表性,则应该先对数据做回归分析,之后对模型评估,用拟合值来绘图。geom_smooth()基本上能生成拟合线曲线,但拟合度不一定优良,这一点读者需要注意。

当然如果数据量较大,则可以移动均线来观察趋势,较长期间的均线可表达长期趋势,较短期间的均线可表达短期趋势,这个和股票市场中的均线逻辑是一样的。

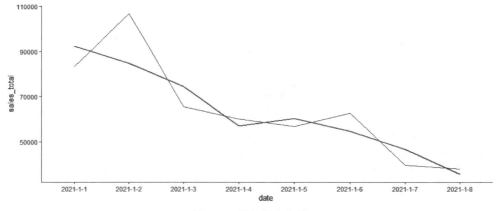

图 4-20 添加拟合曲线

4.14 折线图显示不同纲量数据

读者如果只是想知道序列的趋势,并不太关心具体值的大小,则可以先对数据进行标准化,之后再绘图。R 语言中常用 scale() 函数对数据进行标准化。

下面的代码 4-24 选择 category 中的 A、B、C 品类来举例子。最终结合散点图并添加文本以显示原始销售数据,其中 round(sales_total/10000,0) 表示所显示的数据按照万位显示,并显示 0 位小数。使用 theme() 函数删除 y 轴标签及刻度:axis.text.y 代表 y 轴刻度、axis.ticks.y 代表 y 轴刻度线,element_blank() 表示去除,代码如下:

```
#代码4-24 数据标准化绘图
library(dplyr)
library(magrittr)
library(ggplot2)
#将 readr 包加载到 R 环境,用于将 salesdata.csv 文件导入 R 环境
library(readr)
data1 <- read_csv('D://Per//MB//bookfile//Mbook//data//salesdata.csv')
##Rows: 4425 Columns: 5
##Column specification
##Delimiter: ","
##chr (3): date, category, region
##dbl (2): quantity, sales
##
##i Use `spec()` to retrieve the full column specification for this data
##i Specify the column types or set `show_col_types = FALSE` to quiet this message
#选择 A、B、C 序列,使用 scale() 函数对品类销售额进行标准化
data1_1 <- data1 %>% filter(category %in% c('A','B','C')) %>%
  group_by(category,date) %>%
  summarise(sales_total = sum(sales)) %>%
 group_by(category) %>%
```

```
  mutate(sales_total_scale = scale(sales_total))
## `summarise()` has grouped output by 'category'. You can override using the `.groups` argument
data1_1 %>%
  ggplot(aes(x = date, y = sales_total_scale,
             color = category, group = category)) +
  geom_line() + geom_point(size = 7) +
  geom_text(color = 'white', aes(label = round(sales_total/10000,0))) +
  theme_classic() +
# 使用 theme() 函数删除 y 轴标签、刻度
  theme(axis.text.y = element_blank(),
        axis.ticks.y = element_blank())
```

代码运行的结果如图 4-21 所示。

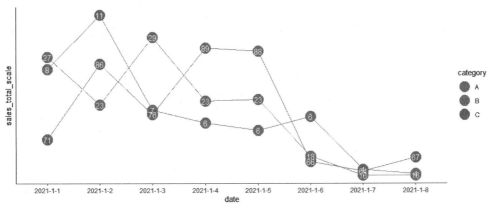

图 4-21 数据标准化绘图

使用标准化后的数据绘图可在一幅图中将多个不同纲量级别的数据趋势显示出来,通过点图标签标识真实的数据。当然,用户在分析报告时,如果报告者没有基本的统计知识,则应慎用这种处理方式。另外,如果数据序列较多,则会互相干扰,不太适合这种处理方式,这也是折线图绘制中容易出现的问题。当曲线太多时最好采用分面的方法并添加适当文本信息。

对于数据纲量不同的数据可视化,也可以使用标度变换,如下面的例子使用 scale_y_log10() 将 y 坐标轴每个等距刻度代表的值转换为对数增长,代码如下:

```
# 代码 4 - 25 使用对数坐标
library(dplyr)
library(magrittr)
library(ggplot2)

# 将 readr 包加载到 R 环境,用于将 salesdata.csv 文件导入 R 环境
library(readr)
data1 <- read_csv('D://Per//MB//bookfile//Mbook//data//salesdata.csv')
## Rows: 4425 Columns: 5
```

```
## Column specification
## Delimiter: ","
## chr (3): date, category, region
## dbl (2): quantity, sales
##
## i Use `spec()` to retrieve the full column specification for this data
## i Specify the column types or set `show_col_types = FALSE` to quiet this message
#选择A、B、C序列,使用scale()函数对品类销售额进行标准化
data1_1 <- data1 %>% filter(category %in% c('A','B','C')) %>%
  group_by(category,date) %>%
  summarise(sales_total = sum(sales)) %>%
 group_by(category) %>%
  mutate(sales_total_scale = scale(sales_total))
## `summarise()` has grouped output by 'category'. You can override using the `.groups` argument
data1_1 %>%
  ggplot(aes(x = date, y = sales_total_scale,
             color = category, group = category)) +
  geom_line() + geom_point(size = 7) +
  geom_text(color = 'white',aes(label = round(sales_total/10000,0))) +
  theme_classic() +
#使用theme()函数删除y轴标签、刻度
    theme(axis.text.y = element_blank(),
        axis.ticks.y = element_blank())
```

代码运行的结果如图 4-22 所示。

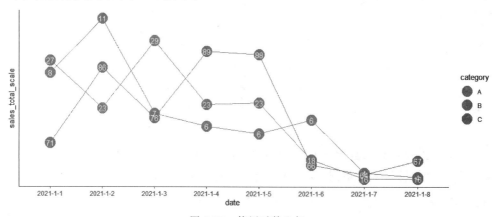

图 4-22 使用对数坐标

图 4-22 中 scale_y_log10()对数刻度对于同一序列波动比较大的情况下效果非常明显,能够将尽可能多的趋势展示出来,唯一的缺点是 y 轴刻度变化通常不易理解,可能不同区域的波动幅度会让阅读者误解。

4.15 阶梯图

阶梯图也是线条图形的一种,和折线图表达的意义类似,折线图通过折线连接点,而阶梯图通过水平线和垂直线连接点。ggplot2 中使用几何对象 geom_step() 可以绘制阶梯图,代码如下:

```
# 代码 4-26 阶梯图
library(dplyr)
library(magrittr)
library(ggplot2)
# 将 readr 包加载到 R 环境,用于将 salesdata.csv 文件导入 R 环境
library(readr)
library(ggformula)
# # Loading required package: ggstance
# #
# # Attaching package: 'ggstance'
# # The following objects are masked from 'package:ggplot2':
# #
# # geom_errorbarh, GeomErrorbarh
data1 <- read_csv('D://Per//MB//bookfile//Mbook//data//salesdata.csv')
# # Rows: 4425 Columns: 5
# # Column specification
# # Delimiter: ","
# # chr (3): date, category, region
# # dbl (2): quantity, sales
# #
# # i Use `spec()` to retrieve the full column specification for this data
# # i Specify the column types or set `show_col_types = FALSE` to quiet this message
# 选择 A、B、C 序列
data1_1 <- data1 %>% filter(category %in% c('A','B','C')) %>%
  group_by(category,date) %>%
  summarise(sales_total = round(sum(sales)/10000,1))
# # `summarise()` has grouped output by 'category'. You can override using the `.groups` argument
data1_1 %>%
  ggplot(aes(x = date, y = sales_total,
             color = category,group = category)) +
  geom_step() +
  geom_point(size = 6,vjust = -1) +
  geom_text(size = 5,fontface = 'bold',aes(label = sales_total)) +
  theme_classic() +
  scale_y_log10()
# # Warning: Ignoring unknown parameters: vjust
```

代码运行的结果如图 4-23 所示。

图 4-23 展示的阶梯图和折线图表达的意思基本一致。折线图强调的是数据是连续的,数值间的变动是连续的,有过渡。阶梯图则强调点和点之间的比较,点和点之间的变化是直接跳跃的,没有过渡。

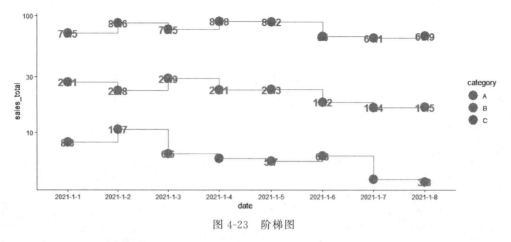

图 4-23　阶梯图

路径图也是线条图形的一种，geom_path()可以绘制路径图，代码如下：

```
# 代码 4-27 路径图
library(dplyr)
library(magrittr)
library(ggplot2)
# 将 readr 包加载到 R 环境，用于将 salesdata.csv 文件导入 R 环境
library(readr)
library(ggformula)
data1 <- read_csv('D://Per//MB//bookfile//Mbook//data//salesdata.csv')
## Rows: 4425 Columns: 5
## Column specification
## Delimiter: ","
## chr (3): date, category, region
## dbl (2): quantity, sales
##
## i Use `spec()` to retrieve the full column specification for this data
## i Specify the column types or set `show_col_types = FALSE` to quiet this message
# 选择 A、B、C 序列
data1_1 <- data1 %>% filter(category %in% c('A','B','C')) %>%
  group_by(category,date) %>%
  summarise(sales_total = round(sum(sales)/10000,1))
## `summarise()` has grouped output by 'category'. You can override using the `.groups` argument
data1_1 %>%
  ggplot(aes(x = date, y = sales_total,
             color = category, group = category)) +
  geom_path() +
  geom_point(size = 6, vjust = -1) +
  geom_text(size = 5, fontface = 'bold', aes(label = sales_total)) +
  theme_classic() +
  scale_y_log10()
## Warning: Ignoring unknown parameters: vjust
```

代码运行的结果如图 4-24 所示。

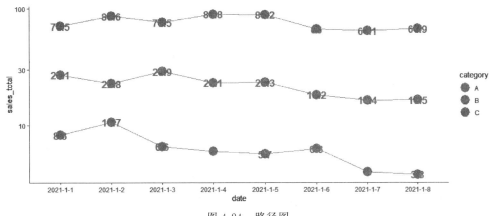

图 4-24 路径图

图 4-24 路径图与直线图表达的意思是一致的，并且显示效果看起来也非常相似。路径图在特定数据源的情况下可以使用线段绘制封闭的图形，这是和折线图不同的地方。有兴趣的读者可以参考包中对应的帮助文件及实例。

4.16 面积图

面积图与折线图均可表达趋势，区别在于面积图有填充色属性和上边缘线条颜色属性。单序列数据在可视化时，有时使用面积图更会加显眼、美观。在下面的例子中，调整了面积图填充颜色，使用 color='darkblue' 添加面积图边缘线条，通过 geom_point() 增加数据点，代码如下：

```
#代码 4-28 面积图
library(dplyr)
library(magrittr)
library(ggplot2)
#将 readr 包加载到 R 环境，用于将 salesdata.csv 文件导入 R 环境
library(readr)
data1 <- read_csv('D://Per//MB//bookfile//Mbook//data//salesdata.csv')
# # Rows: 4425 Columns: 5
# # Column specification
# # Delimiter: ","
# # chr (3): date, category, region
# # dbl (2): quantity, sales
# #
# # i Use `spec()` to retrieve the full column specification for this data
# # i Specify the column types or set `show_col_types = FALSE` to quiet this message
#选择 A、B、C 序列
data1_1 <- data1 %>% filter(category %in% c('A','B','C')) %>%
    group_by(date) %>%
```

```
  summarise(sales_total = round(sum(sales)/10000,1))
data1_1 %>%
  ggplot(aes(x = as.Date(date),y = sales_total)) +
  geom_area(fill = 'lightblue',color = "darkblue",size = 1) + geom_point(size = 3) +
  geom_text(vjust = +1.5,hjust = +0.7,size = 9,color = 'darkblue',fontface = 'bold',aes(label = sales_total)) +
  theme_classic()
```

代码运行的结果如图 4-25 所示。

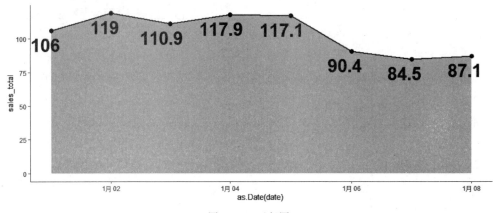

图 4-25　面积图

面积图表达的趋势和折线图类似,通过填充色强化了这一趋势。图形中只有单序列场景下显示效果会优于单纯的折线图,特别是在较大的会场中展示图形时使用面积图的效果会更好。

面积图的 y 轴从 0 值开始,而折线图会自动寻找最优的 y 轴起始点,这一区别点读者需要注意。

从面积图 4-25 可以看出最后 3 日处于数值相对低区域,实际上如果希望将其重点突出,则可以进一步对代码进行优化,代码如下:

```
#代码 4-29 在面积图中高亮某区域
library(dplyr)
library(magrittr)
library(ggplot2)
#将 readr 包加载到 R 环境,用于将 salesdata.csv 文件导入 R 环境
library(readr)
data1 <- read_csv('D://Per//MB//bookfile//Mbook//data//salesdata.csv')
## Rows: 4425 Columns: 5
## Column specification
## Delimiter: ","
## chr (3): date, category, region
## dbl (2): quantity, sales
```

```
##
# i Use `spec()` to retrieve the full column specification for this data
# i Specify the column types or set `show_col_types = FALSE` to quiet this message
#选择A、B、C序列
data1_1 <- data1 %>% filter(category %in% c('A','B','C')) %>%
  group_by(date) %>%
  summarise(sales_total = round(sum(sales)/10000,1))

data1_1 %>%
  ggplot(aes(x = as.Date(date),y = sales_total)) +
  geom_area(fill = 'lightblue',color = "darkblue",size = 1) +
  geom_area(data = data1_1 %>% filter(date %in% tail(unique(data1_1$date),3)),
            fill = 'pink',color = "darkblue",size = 1) +
  geom_point(size = 3) +
  geom_text(vjust = +1.5,hjust = +0.7,size = 9,color = 'darkblue',
            fontface = 'bold',aes(label = sales_total)) +
  annotate("text",x = as.Date('2021-1-7'),y = 50,label = '低谷期',size = 10,color = 'white')
```

代码运行的结果如图 4-26 所示。

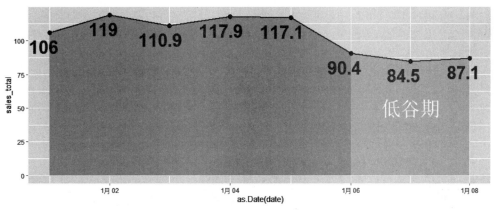

图 4-26　在面积图中高亮某区域

代码 4-29 在原来 geom_area() 函数的后面增加了另外一个 geom_area() 函数，第 2 个函数使用了新的数据源绘制面积图，并将区域填充色设置为粉色（pink）。新数据源从原来数据中筛选日期是最后 3 天的数据，unique() 函数将数据集中的日期去重，tail() 取最后 3 个日期对应的记录。最终在图形中使用 annotate() 添加了文字注解，annotate() 函数的第 1 个参数表示添加文本，其中的 x 值和 y 值用于设置文字显示的位置，label 用于添加要显示的文字，其他颜色等参数和其他函数中的用法一致。

4.17　多系列面积图

多系列面积图就是在基础柱状图的基础上，通过颜色、填充色等映射一个维度给图形，默认情况下序列间是堆积状态，代码如下：

```r
#代码4-30 堆积面积图
library(dplyr)
library(magrittr)
library(ggplot2)
#将readr包加载到R环境,用于将salesdata.csv文件导入R环境
library(readr)
data1 <- read_csv('D://Per//MB//bookfile//Mbook//data//salesdata.csv')
# #Rows: 4425 Columns: 5
# #Column specification
# #Delimiter: ","
# #chr (3): date, category, region
# #dbl (2): quantity, sales
# #
# #i Use `spec()` to retrieve the full column specification for this data
# #i Specify the column types or set `show_col_types = FALSE` to quiet this message
#选择A、B、C序列
data1_1 <- data1 %>% filter(category %in% c('A','B','C')) %>%
  group_by(date,category) %>%
  summarise(sales_total = round(sum(sales)/10000,1))
# # `summarise()` has grouped output by 'date'. You can override using the `.groups` argument
data1_1 %>%
  ggplot(aes(x = as.Date(date),y = sales_total)) +
  geom_area(aes(fill = category),color = "white") +
  theme_classic()
```

代码运行的结果如图4-27所示。

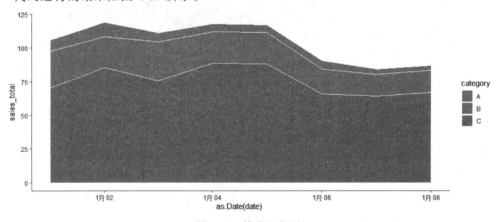

图4-27 堆积面积图

堆积面积图适用于展示较少的数据序列的趋势和值,但是当序列过多时可视化效果欠佳,因为序列的趋势不仅受到自身趋势的影响,还受到其他数据趋势的影响。另外,堆积面积图建议配上适当文字说明或值标签等内容,因为图形展示的是堆积效果,还是如图4-28所示的簇状面积图读者在直觉上非常难区分。

如果希望面积图中的所有序列的 y 轴起点都是 0 值，则可以通过 position='dodge' 实现，此时需要配合填充颜色透明度 alpha 才能最终得到希望的效果，否则始终显示值最大的序列，从而导致遮盖太严重，如图 4-28 所示的图形如果不设置透明度，则看起来只会显示序列 C，代码如下：

```
#代码 4-31 簇状面积图
library(dplyr)
library(magrittr)
library(ggplot2)
#将 readr 包加载到 R 环境，用于将 salesdata.csv 文件导入 R 环境
library(readr)
data1 <- read_csv('D://Per//MB//bookfile//Mbook//data//salesdata.csv')
#选择 A、B、C 序列，使用 scale()函数对品类销售额进行标准化
data1_1 <- data1 %>% filter(category %in% c('A','B','C')) %>%
  group_by(date,category) %>%
  summarise(sales_total = round(sum(sales)/10000,1))
## `summarise()` has grouped output by 'date'. You can override using the `.groups` argument
data1_1 %>%
  ggplot(aes(x = as.Date(date),y = sales_total)) +
  geom_area(aes(fill = category),color = "white",position = 'dodge',alpha = 0.5) +
  theme_classic()
## Warning: Width not defined. Set with `position_dodge(width = ?)`
```

代码运行的结果如图 4-28 所示。

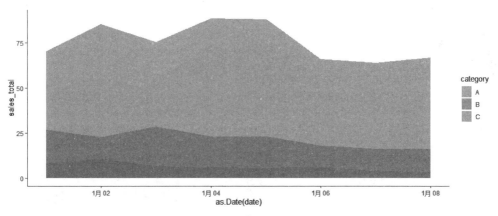

图 4-28　簇状面积图

图 4-28 的面积图填充色虽然设置了透明度，但是序列之间的遮盖仍旧导致图填充色和图例显示颜色不一致。下面通过 geom_text()添加文字标签，使用 theme(legend.position = 'NONE')删除图例作为替代方法。在 geom_text()中使用了 filter()函数筛选出 x 轴上的第 2 个值作为数据源，将标签放到这个位置并适当调整位置。nth(data1_1 $ date %>%

unique(),2)中的第1个参数先获得数据源日期,然后去重值,第2个参数2表示nth()取第1个参数中的第2个值,代码如下:

```
# 代码4-32 向簇状面积图添加标签
library(dplyr)
library(magrittr)
library(ggplot2)
# 将readr包加载到R环境,用于将salesdata.csv文件导入R环境
library(readr)
data1 <- read_csv('D://Per//MB//bookfile//Mbook//data//salesdata.csv')
# 选择A、B、C序列
data1_1 <- data1 %>% filter(category %in% c('A','B','C')) %>%
  group_by(date,category) %>%
  summarise(sales_total = round(sum(sales)/10000,1))
## `summarise()` has grouped output by 'date'. You can override using the `.groups` argument
data1_1 %>%
  ggplot(aes(x = as.Date(date), y = sales_total)) +
  geom_area(aes(fill = category), color = "white", position = 'dodge', alpha = 0.5) +
  geom_text(data = data1_1 %>% filter(date == nth(data1_1$date %>% unique(),2)),
            aes(label = category), size = 6,
            vjust = +1,
            hjust = 2) +
  theme_classic() + theme(legend.position = 'NONE')
## Warning: Width not defined. Set with `position_dodge(width = ?)`
```

代码运行的结果如图4-29所示。

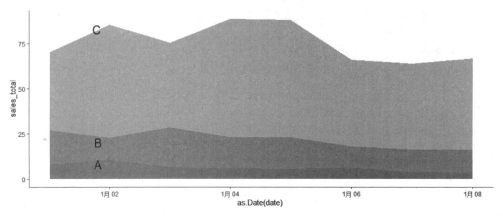

图4-29 向簇状面积图添加标签

图4-29在添加标签的同时删除了图例,让读者直接在图形中获得更多信息,视觉无须在序列和图例间跳跃。

图4-30采用分面处理多序列面积图的方式得到柱状图和条形图综合的效果,即使用面

积高度部分表示序列间差异,使用序列内柱状图顶部的曲线表示内部趋势,代码如下:

```r
#代码4-33 面积图分面显示
library(dplyr)
library(magrittr)
library(ggplot2)
#将readr包加载到R环境,用于将salesdata.csv文件导入R环境
library(readr)
data1 <- read_csv('D://Per//MB//bookfile//Mbook//data//salesdata.csv')
## Rows: 4425 Columns: 5
## ── Column specification ──
## Delimiter: ","
## chr (3): date, category, region
## dbl (2): quantity, sales
##
## ℹ Use `spec()` to retrieve the full column specification for this data
## ℹ Specify the column types or set `show_col_types = FALSE` to quiet this message
#选择A、B、C序列
data1_1 <- data1 %>% filter(category %in% c('A','B','C')) %>%
  group_by(date,category) %>%
  summarise(sales_total = round(sum(sales)/10000,1))
## `summarise()` has grouped output by 'date'. You can override using the `.groups` argument
data1_1 %>%
  ggplot(aes(x = as.Date(date),y = sales_total)) +
  geom_area(aes(fill = category),color = "white") +
  geom_point() +
  geom_text(data = data1_1 %>% filter(date == nth(data1_1 $ date %>% unique(),2)),
            aes(label = category,color = category),size = 10,
            nudge_y = 12,
            hjust = 4) +
  geom_text(aes(label = sales_total,color = category),size = 6,vjust = -1) +
  facet_grid(.~category) +
  theme_classic() + theme(legend.position = 'NONE',
                          strip.text = element_blank(),
                          #axis.text.y = element_blank(),
                          #axis.line.y = element_blank(),
                          axis.title.y = element_blank())
```

代码运行的结果如图4-30所示。

图4-30将面积图分面并增加值标签后更加能反映序列间的对比。当多序列希望用面积图显示时,建议读者用该技巧。如果 x 轴显示的内容较长,则可以对图形进行分面,即将上面代码中的facet_grid(.~category)替换为facet_grid(category~.)。

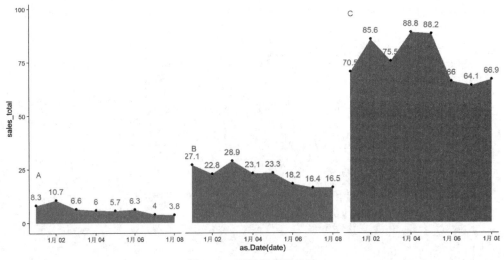

图 4-30 面积图分面显示

4.18 饼图

饼图是每个人都能看懂的图形,在表达结构占比等方面有天然优势。当然饼图的缺点在于不能精确地对比:通过弧形面积表达大小,人眼对于差异不大的序列或者非邻近序列非常难区分,因此饼图建议在序列较少的数据结构中或者在粗略表示结构的情况下使用。下面以 geom_col() 先绘制堆积柱状图,之后通过 coord_polar() 转换为极坐标绘制饼图。图形中标签位置通过 position_stack(vjust=0.5) 给予调整,标签文本通过 paste0() 函数连接 category 和 sales 得到,其中的第 2 个参数表示回车,代码如下:

```
#代码 4-34 饼图
library(magrittr)
library(ggplot2)
pie_data <- data.frame(category = c('A','B','C'),sales = c(70,25,40))
pie_data %>% ggplot(aes(x = '',y = sales,fill = category)) +
  geom_col() +
  scale_fill_brewer(direction = -1) +
  geom_text(position = position_stack(vjust = 0.5),aes(label = paste0(category,'\n',
sales))) +
  coord_polar(theta = 'y') +
  theme_void()
```

代码运行的结果如图 4-31 所示。

图 4-31 展示了基础饼图。如果读者对可视化有更高要求,则建议对序列显示顺序和填充颜色等进行调整,另外由于添加了标签,所以图例可以删除。

ggplot2 包绘制饼图的过程相对烦琐,如果要求不高,则可以使用 ggpubr 包中的 geom_pie() 进行绘制,代码如下:

```
#代码 4-35 geom_pie()绘制饼图
library(magrittr)
library(ggpubr)
pie_data <- data.frame(category = c('A','B','C'),sales = c(70,25,40))
pie_data %>% ggpie("sales",label = "category",fill = "category")
```

代码运行的结果如图 4-32 所示。

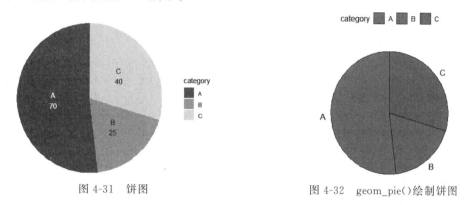

图 4-31　饼图　　　　　　图 4-32　geom_pie()绘制饼图

ggpubr 包中的 geom_pie()相对简单,语法中不用映射函数 aes()便能够快速成图。当然,由于语法和 ggplot2 有区别,对熟悉 ggplot2 的读者不太友好。由于做了封装,所以个性化设置没有 ggplot2 灵活。

4.19　圆环图

圆环图也可以理解为中间镂空的饼图,如果有多个圆环互相嵌套,则称为牛眼图。在普通饼图的基础上,将 x 值修改为 1,增加 xlim(-1,2)将 x 轴左边位置扩大,之后 coord_polar()在转换坐标轴时会生成空白圆心,最终在中心点添加文本标签,代码如下:

```
#代码 4-36 圆环图
library(magrittr)
library(ggplot2)

pie_data <- data.frame(category = c('A','B','C'),sales = c(70,25,40))
pie_data %>% ggplot(aes(x = 1,y = sales,fill = category)) +
  geom_col() +
  scale_fill_brewer(direction = -1) +
  geom_text(position = position_stack(vjust = 0.5),aes(label = paste0(category,':',sales))) +
  xlim(-1,2) +
  annotate('text',x = -1,y = sum(pie_data$sales)/2,label = '销售占比',size = 8) +
  coord_polar(theta = 'y') +
  theme_void()
```

代码运行的结果如图 4-33 所示。

图 4-33 圆环图中间位置留空恰好可以增加文字等内容，节约了版面，让信息间更加紧密。

接下来绘制牛眼图，也就是多环环形图。图中使用位置参数 position='fill'和 position_fill(vjust=0.5)保证每个圆环都是闭环的。当然这个效果也可以在原始数据中实现，可以参考百分比柱状图中的数据处理方法，代码如下：

```
#代码 4-37 多序列圆环图
library(magrittr)
library(ggplot2)
pie_data <- data.frame(category = c('A','B','C','A','B','C'),
                       year = c(2020,2020,2020,2021,2021,2021),
                       sales = c(40,30,20,10,15,10))

pie_data %>% ggplot(aes(x = year,y = sales,fill = category)) +
  geom_col(position = 'fill',width = 1,color = 'white') +
  geom_text(position = position_fill(vjust = 0.5),aes(label = paste0(category,':',sales))) +
  lims(x = c(2018,2023)) +
  coord_polar(theta = 'y') +
  theme_void()
```

代码运行的结果如图 4-34 所示。

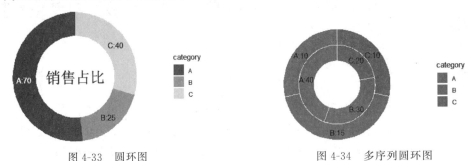

图 4-33　圆环图　　　　　　　图 4-34　多序列圆环图

图 4-34 中的多序列圆环图用来比较两组数据占比还是比较直观的，若使用两个饼图展示两组数据间差异的效果会比较差。当然在上面的图形中，也可以使用真实的数据，即不做百分比转换，用来展示主次结构也是不错的，代码如下：

```
#代码 4-38 向多序列圆环图添加弧形标签
library(magrittr)
library(ggplot2)
library(geomtextpath)
pie_data <- data.frame(category = c('A','B','C','A','B','C'),
                       year = c(2020,2020,2020,2021,2021,2021),
                       sales = c(40,30,20,10,15,10))

pie_data %>% ggplot(aes(x = year,y = sales,fill = category)) +
```

```
    geom_col(position = 'fill',width = 1,color = 'white') +
    lims(x = c(2018,2023)) +
    geom_textpath(position = position_fill(vjust = .5),angle = 90,alpha = 1,
                  aes(color = factor(year),
                      label = paste0(category,':',sales))) +
coord_polar(theta = 'y') +

theme_void()
```

代码运行的结果如图 4-35 所示。

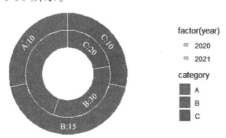

图 4-35　向多序列圆环图添加弧形标签

图 4-35 中使用 geom_textpath 添加弧形标签，图形更加精致优美。当然标签文字的颜色和填充色对比度相对较弱，可以进一步优化。

4.20　玫瑰图

玫瑰图也称为南丁格尔图、鸡冠图等，是极坐标的一个运用，实际上和饼图、圆环图等是类似的。该图由英国护士和统计学家弗罗伦斯·南丁格尔发明，曾在克里米亚战争期间使用这种图向英国高层及女王传达士兵的身亡情况。首先绘制柱状图，之后使用 coord_polar() 来变换坐标，其中 theta = 'x' 表示按照 x 轴角度变换。为了对数据由大到小进行展示，代码首先对数据进行了排序，并用 forcats::fct_inorder() 将排序后的顺序传递给 category 因子，代码如下：

```
#代码 4-39 玫瑰图
library(magrittr)
library(ggplot2)
rose_data <- data.frame(category = c('A','B','C','D','E','F'),
                        sales = c(40,30,20,10,15,10))

rose_data %>% arrange(-sales) %>% mutate(category = forcats::fct_inorder(category)) %>%
ggplot(aes(x = category,y = sales,fill = category)) +
  geom_col(width = 1,color = 'white') +
  geom_text(nudge_y = 5,aes(label = paste0(category,':',sales))) +
```

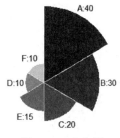

```
coord_polar(theta = 'x') +
theme_void() + theme(legend.position = 'none') +
scale_fill_viridis_d()
```

图 4-36 玫瑰图

代码运行的结果如图 4-36 所示。

图 4-36 中的玫瑰图适合在绚丽展示场景下使用。与多系列饼图展示效果相比,玫瑰图更加突出了占比较大的值,序列间的比较效果相对较优。

4.21 直方图

接下来介绍统计描述经典图形直方图。直方图可以简单地理解为对连续变量按照一定条件切割为不同小组,每组统计其中包含的观测值数量。绘制直方图时 x 轴为组均值,柱子高度代表该组的观测值数量,当然可以设置权重参数,此时柱子与权重有关。ggplot2 中使用 geom_histogram() 绘制直方图。在下面的例子中,geom_histogram(color = 'white', fill = 'lightblue') 函数通过参数 color = 'white' 将柱子边框调整为白色,通过参数 fill = 'lightblue' 将柱子填充色调整为淡蓝色。xlim(0,30) 让 x 轴聚焦在 0~30 的范围内,代码如下:

```
#代码 4-40 直方图
#将绘图包加载到 R 环境
library(ggplot2)
#将 readr 包加载到 R 环境,用于将 salesdata.csv 文件导入 R 环境
library(readr)
data5 <- read_csv('D://Per//MB//bookfile//Mbook//data//salesdata.csv')
##Rows: 4425 Columns: 5
##Column specification
##Delimiter: ","
##chr (3): date, category, region
##dbl (2): quantity, sales
##
##i Use `spec()` to retrieve the full column specification for this data
##i Specify the column types or set `show_col_types = FALSE` to quiet this message
ggplot(data5, aes(x = quantity)) + geom_histogram(color = 'white',fill = 'lightblue') +
    xlim(0,30) + theme_classic()
##`stat_bin()` using `bins = 30`. Pick better value with `binwidth`
##Warning: Removed 176 rows containing non-finite values (stat_bin)
##Warning: Removed 2 rows containing missing values (geom_bar)
```

代码运行的结果如图 4-37 所示。

图 4-37 中的直方图快速地反映了销量 quantity 在 10 以内的观测值占据了绝大多数比重。在实际分析中并不能得出结论:销量在 10 以内的数据比较重要,结合实际业务一般考虑销售额比重大的部门才是对整体影响较大的部门,因此在实际工作中直方图需要结合其他变量对数据进行分析才有意义。

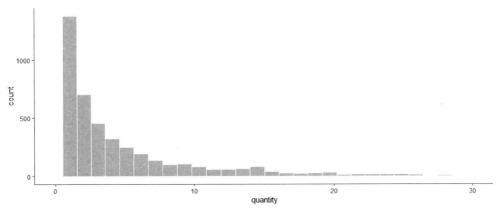

图 4-37　直方图

通过 bins 可以改变每组包含的观测值，即控制柱子的个数。通过 y=..density..将柱子的高度变换为密度，所有柱子代表的密度之和为 1。添加 geom_density()可以发现二者的关系是一致的，详细用法如下：

```
#代码 4-41 直方图与密度曲线
#将绘图包加载到 R 环境
library(ggplot2)
#将 readr 包加载到 R 环境，用于将 salesdata.csv 文件导入 R 环境
library(readr)
data5 <- read_csv('D://Per//MB//bookfile//Mbook//data//salesdata.csv')
# Rows: 4425 Columns: 5
## Column specification
##Delimiter: ","
##chr (3): date, category, region
##dbl (2): quantity, sales
##
## i Use `spec()` to retrieve the full column specification for this data
## i Specify the column types or set `show_col_types = FALSE` to quiet this message
ggplot(data5, aes(x = quantity, y = ..density..)) + geom_histogram(color = 'white', fill =
'lightblue', bins = 20) +
  xlim(0,30) +
  theme_classic() + geom_density(fill = 'cornsilk', alpha = 0.6)
## Warning: Removed 176 rows containing non-finite values (stat_bin)
## Warning: Removed 176 rows containing non-finite values (stat_density)
## Warning: Removed 2 rows containing missing values (geom_bar)
```

代码运行的结果如图 4-38 所示。

图 4-38 中的直方图与密度曲线结合后更能反映变量的分布情况。当然，另外还有一个优点，即增加密度曲线后降低了图形被理解为离散变量柱状图的可能性。

关于密度曲线可以参考接下来的内容。

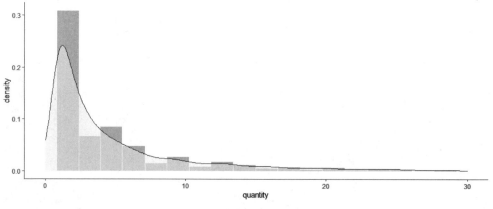

图 4-38　直方图与密度曲线

4.22　密度曲线

密度曲线与直方图表达的意义是一致的,直方图会对数据切割计数,而密度曲线会通过连续线条表达变量在不同值状态的分布情况,曲线高点表示密度大,曲线低点表示密度小,密度合计为 1。虽然是密度曲线,但是实际上类似于面积图,可以设置填充色 fill、曲线颜色 color、曲线粗细 size 等参数,代码如下:

```
#代码 4-42 密度曲线
#将绘图包加载到 R 环境
library(ggplot2)
#将 readr 包加载到 R 环境,用于将 salesdata.csv 文件导入 R 环境
library(readr)
data5 <- read_csv('D://Per//MB//bookfile//Mbook//data//salesdata.csv')
## Rows: 4425 Columns: 5
## Column specification
## Delimiter: ","
## chr (3): date, category, region
## dbl (2): quantity, sales
##
## i Use `spec()` to retrieve the full column specification for this data
## i Specify the column types or set `show_col_types = FALSE` to quiet this message
ggplot(data5, aes(x = quantity)) + geom_density(color = 'darkblue',fill = 'lightblue',size = 1) +
  theme_classic()
```

代码运行的结果如图 4-39 所示。

图 4-39 中的密度曲线表达的意义和直方图是一致的。以销售量为 x 轴绘制密度曲线,可以直观地看出绝大部分品类每日销售数据均在 50 以内。

当然 50 这个值是图形上的一个直观感受。如果需要精确值,则可以通过具体的计算得到:首先使用 cut_width() 函数对 quantity 按照 10 为单位分隔,之后按照这个分组 group_by()

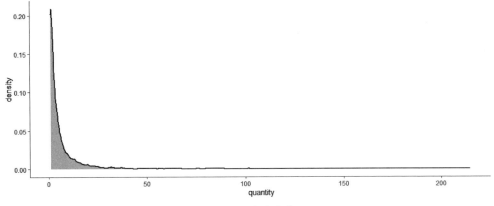

图 4-39 密度曲线

汇总,统计每组销售记录数,接下来计算各组占总体的比重及累计比重,使用 scales 包中的函数 percent()将计算出来的百分比按占比格式进行调整。最终使用 head(10)提取占比最大的前 10 个分组,代码如下:

```
#代码 4-43 统计各区间占比
#将绘图包加载到 R 环境
library(ggplot2)
#将 readr 包加载到 R 环境,用于将 salesdata.csv 文件导入 R 环境
library(readr)
library(magrittr)
library(dplyr)
data5 <- read_csv('D://Per//MB//bookfile//Mbook//data//salesdata.csv')
## Rows: 4425 Columns: 5
## Column specification
## Delimiter: ","
## chr (3): date, category, region
## dbl (2): quantity, sales
##
## i Use `spec()` to retrieve the full column specification for this data
## i Specify the column types or set `show_col_types = FALSE` to quiet this message
data5 %>% mutate(mgroup = cut_width(quantity,10)) %>% group_by(mgroup) %>% summarize
(mcount = n()) %>% mutate(mweight = mcount/sum(mcount),mweight_cum = cumsum(mcount)/sum
(mcount)) %>% mutate(mweight = scales::percent(mweight,0.1),mweight_cum = scales::percent
(mweight_cum,0.1)) %>% arrange(-mcount) %>% head(10)
### A tibble: 10 × 4
## mgroup   mcount mweight mweight_cum
## <fct>    <int>  <chr>   <chr>
## 1 [-5,5]  3106   70.2%   70.2%
## 2 (5,15]   877   19.8%   90.0%
## 3 (15,25]  227    5.1%   95.1%
## 4 (25,35]   80    1.8%   96.9%
## 5 (35,45]   37    0.8%   97.8%
## 6 (45,55]   25    0.6%   98.4%
```

```
## 7 (55,65]      17 0.4%     98.7%
## 8 (75,85]      13 0.3%     99.3%
## 9 (65,75]      11 0.2%     99.0%
## 10 (85,95]      7 0.2%     99.4%
```

代码 4-43 统计数据可以精确地佐证前面的 50 以内占大多数这个结论，只是统计的组范围不太精确。准确计算结果显示每日销量在 35 台以内的占比为 96.9%，其中 5 以下的占比最大，为 70.2%。

4.23 累计密度曲线

累计密度曲线左侧表达的是累计密度，内容和 4.22 节中的累计占比有类似的地方。在 ggplot2 中使用 stat_ecdf() 来绘制累计密度曲线。这里和其他绘图几何函数（以 geom 开头）有区别，以 stat 开头的函数主要表明这里需要做统计计算，当然其他以 geom 开头的绘图函数中也有计算的过程，如 geom_smooth() 等在原始数据中是找不到 y 值的，是由函数统计计算得到的，所以二者其实实际上是一样的，仅仅有些参数设置不太相同。详见下面的例子，代码如下：

```
#代码 4-44 累计密度曲线
#将绘图包加载到 R 环境
library(ggplot2)
#将 readr 包加载到 R 环境,用于将 salesdata.csv 文件导入 R 环境
library(readr)
data5 <- read_csv('D://Per//MB//bookfile//Mbook//data//salesdata.csv')
## Rows: 4425 Columns: 5
## Column specification
## Delimiter: ","
## chr (3): date, category, region
## dbl (2): quantity, sales
##
## i Use `spec()` to retrieve the full column specification for this data
## i Specify the column types or set `show_col_types = FALSE` to quiet this message
ggplot(data5, aes(x = quantity)) + stat_ecdf(color = 'darkblue') +
  theme_classic()
```

代码运行的结果如图 4-40 所示。

图 4-40 中的累计密度曲线反映出销售量在 50 以内的观测记录占据了绝大多数，已经非常靠近 100%。读者如果希望在曲线上增加标签或增加点等，则可以先对数据进行离散化，之后累加计算，最终使用 geom_line()、geom_point() 及 geom_text() 完成图形的绘制。

有了前面介绍的直方图、密度曲线，对于累计密度曲线就比较好理解了，因此这里不过多地进行介绍。

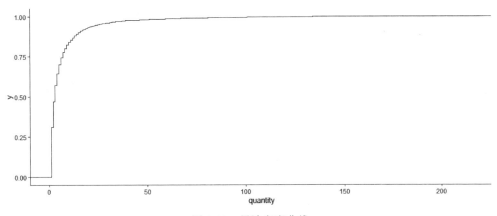

图 4-40　累计密度曲线

4.24　箱线图

箱线图是对数据分布的浓缩表达，可以获知数据的各个分位点的值。对品类每日销售数据绘制箱线图，可以了解平均销售情况、最大值、最小值、异常值等内容，其中参数 aes(fill＝category,color＝I('grey30')) 可以按照 category 来填充颜色，将箱子边框调整为 grey30 灰色。这里面使用 I() 函数，让 R 语言不做转换，直接使用输入的字面意思。如果将 I() 删除，则可直接使用 color＝'grey30'，大概率得到的颜色不是 grey30 灰色，读者可自行测试，代码如下：

```
#代码 4－45 箱线图
library(dplyr)
library(magrittr)
library(ggplot2)
#将 readr 包加载到 R 环境,用于将 salesdata.csv 文件导入 R 环境
library(readr)
data1 <- read_csv('D://Per//MB//bookfile//Mbook//data//salesdata.csv')
## Rows: 4425 Columns: 5
## Column specification
## Delimiter: ","
## chr (3): date, category, region
## dbl (2): quantity, sales
##
## i Use `spec()` to retrieve the full column specification for this data
## i Specify the column types or set `show_col_types = FALSE` to quiet this message
#选择 A、B、C 序列,将数据按照品类＋每日汇总
data1_1 <- data1 %>% filter(category %in% c('A','B','C')) %>%
  group_by(category,date) %>%
  summarise(sales_total = sum(sales))
## `summarise()` has grouped output by 'category'. You can override using the `.groups` argument
data1_1 %>% ggplot(aes(x = category,y = sales_total)) +
  geom_boxplot(width = 0.5,aes(fill = category,color = I('grey30'))) + theme_classic()
```

代码运行的结果如图 4-41 所示。

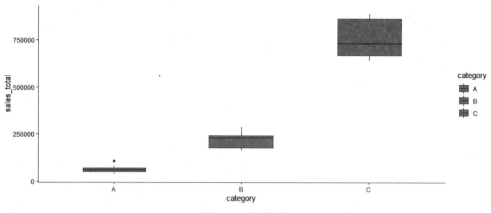

图 4-41 箱线图

如果将单个观测记录理解为顾客购买某品类 category 的小计总金额,则图 4-41 中的箱线图反映出单个顾客在 C 品类购买的金额较高。当然如果数据还有下一层商品信息,则可以分析出上图中 C 品类值较高是单个顾客购买的 C 品类商品多还是商品单价高等信息。

如果绘制的箱线图太宽,则可通过 width=0.5 将柱子宽度缩小。通过观察箱线图,能够对数据分布状况有一个快速地了解,如果想精确计算 3 个分位数、最大值和最小值,则可以采用下面的方法,详细用法见下面的例子,代码如下:

```
#代码 4-46 fivenum()计算分位数
library(dplyr)
library(magrittr)
library(ggplot2)
#将 readr 包加载到 R 环境,用于将 salesdata.csv 文件导入 R 环境
library(readr)
data1 <- read_csv('D://Per//MB//bookfile//Mbook//data//salesdata.csv')
## Rows: 4425 Columns: 5
## Column specification
## Delimiter: ","
## chr (3): date, category, region
## dbl (2): quantity, sales
##
## i Use `spec()` to retrieve the full column specification for this data
## i Specify the column types or set `show_col_types = FALSE` to quiet this message
#选择 A,B,C 序列,将数据按照品类+每日汇总
data1_1 <- data1 %>% filter(category %in% c('A','B','C')) %>%
  group_by(category,date) %>%
  summarise(sales_total = sum(sales))
## `summarise()` has grouped output by 'category'. You can override using the `.groups` argument
#计算分位数、最大值、最小值(方法 1)
data1_1 %>% group_by(category) %>%  summarise(min_sales = min(sales_total),

quantile25_sales = quantile(sales_total,0.25),
```

```
                quantile50_sales = quantile(sales_total,0.50),
                quantile70_sales = quantile(sales_total,0.75),max_sales = max(sales_total))
## # A tibble: 3 × 6
## category min_sales quantile25_sales quantile50_sales quantile70_sales
## <chr>      <dbl>          <dbl>           <dbl>           <dbl>
## 1 A        37823.         52479.          61332.          69947.
## 2 B       164454.        177359.         229685.         242216.
## 3 C       640550.        666717.         730246.         862339.
## # … with 1 more variable: max_sales <dbl>
#计算分位数、最大值、最小值(方法2)
data1_1 %>% group_by(category) %>% summarise(five_number = quantile(sales_total))
## `summarise()` has grouped output by 'category'. You can override using the `.groups` argument
## # A tibble: 15 × 2
## # Groups:   category [3]
## category five_number
## <chr>        <dbl>
## 1 A         37823.
## 2 A         52479.
## 3 A         61332.
## 4 A         69947.
## 5 A        106664.
## 6 B        164454.
## 7 B        177359.
## 8 B        229685.
## 9 B        242216.
## 10 B       288596.
## 11 C       640550.
## 12 C       666717.
## 13 C       730246.
## 14 C       862339.
## 15 C       887737.
#计算分位数、最大值、最小值(方法3)
data1_1 %>% group_by(category) %>% summarise(five_number = fivenum(sales_total))
## `summarise()` has grouped output by 'category'. You can override using the `.groups` argument
## # A tibble: 15 × 2
## # Groups:   category [3]
## category five_number
## <chr>        <dbl>
## 1 A         37823.
## 2 A         48179.
## 3 A         61332.
## 4 A         74375.
## 5 A        106664.
## 6 B        164454.
## 7 B        173107.
## 8 B        229685.
## 9 B        251862.
## 10 B       288596.
```

```
## 11 C            640550.
## 12 C            664387.
## 13 C            730246.
## 14 C            868818.
## 15 C            887737.
```

第 1 种方法使用 min()、max() 函数计算最小值及最大值，quantile() 函数通过不同的第 2 个参数计算分位数。第 2 种方法直接使用 quantile() 忽略第 2 个参数而直接计算得到。第 3 种方法使用 fivenum() 函数直接计算出上述内容。

4.25 向箱线图添加槽口和平均值

使用 notch=TRUE 向箱线图中添加槽口，如果箱子间槽口重合，则表示序列间中位数相似。使用 stat_summary 添加序列平均值，其中 fun.y=median 用于设置对 y 轴值做平均值统计，geom='point' 用于设置最终以点图表示，同时也可以设置颜色、大小等内容，代码如下：

```
#代码 4-47 向箱线图添加槽口和平均值
library(dplyr)
library(magrittr)
library(ggplot2)
#将 readr 包加载到 R 环境,用于将 salesdata.csv 文件导入 R 环境
library(readr)
data1 <- read_csv('D://Per//MB//bookfile//Mbook//data//salesdata.csv')
## Rows: 4425 Columns: 5
## Column specification
## Delimiter: ","
## chr (3): date, category, region
## dbl (2): quantity, sales
##
## i Use `spec()` to retrieve the full column specification for this data
## i Specify the column types or set `show_col_types = FALSE` to quiet this message
#选择 A、B、C 序列,将数据按照品类+每日汇总
data1_1 <- data1 %>% filter(category %in% c('A','B','C')) %>%
  group_by(category,date) %>%
  summarise(sales_total = sum(sales))
## `summarise()` has grouped output by 'category'. You can override using the `.groups` argument
data1_1 %>% ggplot(aes(x = category,y = sales_total)) +
  geom_boxplot(notch = TRUE,aes(binwidth = 0.5,fill = category,color = I('grey30'))) +
#stat_summary 添加序列平均值,其中 fun.y=median 用于设置对 y 轴值做平均值统计,geom = 'point'
#用于设置以点图表示
  stat_summary(fun.y = median,geom = 'point',size = 3,color = 'red') +
  theme_classic()
## Warning: Ignoring unknown aesthetics: binwidth
## Warning: `fun.y` is deprecated. Use `fun` instead
```

```
## notch went outside hinges. Try setting notch = FALSE
## notch went outside hinges. Try setting notch = FALSE
## notch went outside hinges. Try setting notch = FALSE
```

代码运行的结果如图 4-42 所示。

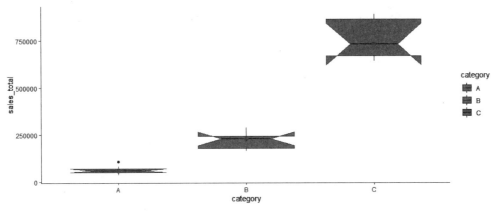

图 4-42 向箱线图添加槽口、平均值

图 4-42 中的箱线图介绍了箱线图添加均值的方法，均值代表的点和中间的均值横线是重叠的。如果希望表现其他统计量，则在 stat_summary() 对 fun 参数做出修改即可，可以反映更多信息。

4.26 箱线图＋散点图

箱线图能够反映概要的统计信息，但是不能反映每组序列观测值的多少，因此可以添加散点图来弥补此缺点。直接添加散点图会有严重的遮盖问题，通过 position = 'jitter' 对数据水平方向添加随机扰动点，将数据打散。position = 'jitter' 是 position=position_jitter() 的简单表达，后者中可以输入具体的数值来控制添加的随机量大小，代码如下：

```
#代码 4-48 散点图+箱线图
library(dplyr)
library(magrittr)
library(ggplot2)
#将 readr 包加载到 R 环境,用于将 salesdata.csv 文件导入 R 环境
library(readr)
data1 <- read_csv('D://Per//MB//bookfile//Mbook//data//salesdata.csv')
## Rows: 4425 Columns: 5
## Column specification
## Delimiter: ","
## chr (3): date, category, region
## dbl (2): quantity, sales
##
```

```
##i Use `spec()` to retrieve the full column specification for this data
##i Specify the column types or set `show_col_types = FALSE` to quiet this message
#选择A、B、C序列,将数据按照品类+每日汇总
data1_1 <- data1 %>% filter(category %in% c('A','B','C')) %>%
  group_by(category,date) %>%
  summarise(sales_total = sum(sales))
##`summarise()` has grouped output by 'category'. You can override using the `.groups` argument
data1_1 %>% ggplot(aes(x = category,y = sales_total)) +
  geom_boxplot(width = 0.5,aes(fill = category,color = I('grey30'))) +
  geom_point(position = 'jitter',) +
  theme_classic()
```

代码运行的结果如图 4-43 所示。

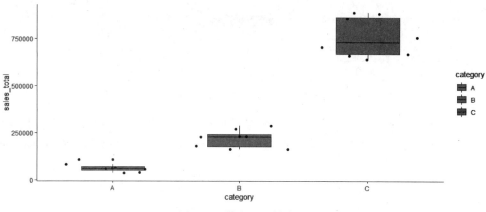

图 4-43　散点图+箱线图

图 4-43 表达的内容和箱线图是一致的,优点是:增加"点",让箱线图体代表了多少个观测值,使观测值得到更好的体现,方便刚接触箱线图的读者理解图形。

4.27　不等宽箱线图

箱线图不能反映每组序列观测值的多少,可以通过添加单点图来弥补,也可以通过 varwidth = TRUE 来让柱子的宽度与观测点大小成正比。本例中由于观测数量不多,因此添加 varwidth = TRUE 前后的差异不大,代码如下:

```
#代码4-49 不等宽箱线图
library(dplyr)
library(magrittr)
library(ggplot2)
#将readr包加载到R环境,用于将salesdata.csv文件导入R环境
library(readr)
data1 <- read_csv('D://Per//MB//bookfile//Mbook//data//salesdata.csv')
```

```
## Rows: 4425 Columns: 5
## Column specification
## Delimiter: ","
## chr (3): date, category, region
## dbl (2): quantity, sales
##
## i Use `spec()` to retrieve the full column specification for this data
## i Specify the column types or set `show_col_types = FALSE` to quiet this message
# 选择 A、B、C 序列,将数据按照品类 + 每日汇总
data1_1 <- data1 %>% filter(category %in% c('A','B','C')) %>%
  group_by(category,date) %>%
  summarise(sales_total = sum(sales))
## `summarise()` has grouped output by 'category'. You can override using the `.groups` argument
data1_1 %>% ggplot(aes(x = category,y = sales_total)) +
  geom_boxplot(aes(fill = category,color = I('grey30')),varwidth = TRUE) +
  geom_point(position = 'jitter',) +
  theme_classic()
```

代码运行的结果如图 4-44 所示。

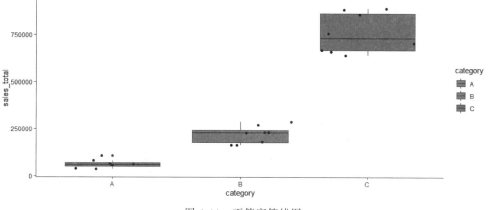

图 4-44　不等宽箱线图

图 4-44 中箱体宽度和观测数量成正比。虽然由于数据源中观测数量不多,所以序列间的宽度差异并不明显,但是这些技巧值得读者掌握。

4.28　小提琴图

小提琴图也被称为纺锤图,通过纺锤的粗细表达对应的观测点的多少。ggplot2 中通过 geom_violin 绘制小提琴图。同样地,aes(fill=category,color=category)按照品类设置填充色及图形边框线条颜色。通过小提琴图也可以快速了解数据分布情况,但没有箱线图在视觉上精确,代码如下:

```
#代码4-50 小提琴图
library(dplyr)
library(magrittr)
library(ggplot2)
#将readr包加载到R环境,用于将salesdata.csv文件导入R环境
library(readr)
data1 <- read_csv('D://Per//MB//bookfile//Mbook//data//salesdata.csv')
##Rows: 4425 Columns: 5
##Column specification
##Delimiter: ","
##chr (3): date, category, region
##dbl (2): quantity, sales
##
##i Use `spec()` to retrieve the full column specification for this data
##i Specify the column types or set `show_col_types = FALSE` to quiet this message
#选择B和C序列,将数据按照品类+每日汇总
data1_1 <- data1 %>% filter(category %in% c('B','C')) %>%
  group_by(category,date) %>%
  summarise(sales_total = sum(sales))
##`summarise()` has grouped output by 'category'. You can override using the `.groups` argument
data1_1 %>% ggplot(aes(x = category,y = sales_total)) +
  geom_violin(aes(fill = category,color = category)) +
  theme_classic()
```

代码运行的结果如图 4-45 所示。

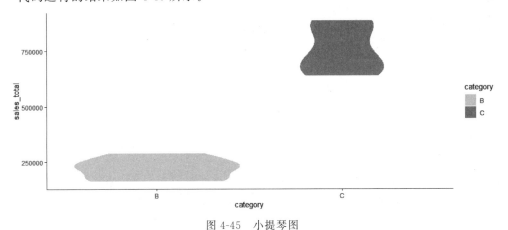

图 4-45 小提琴图

图 4-45 可以快速获悉销售记录中每日 B 品类销售金额均值在 75 万元左右,与 B 品类同口径值比较差异明显,B 品类在 x 轴更加宽,代表观测记录更多。这里将汇总后的数据视作观测值,一般理解观测值就是原始的每行记录。

4.29 小提琴图与箱线图叠加显示

小提琴图可以和箱线图结合，以便更好地对数据进行描述。ggplot2 中通过＋geom_boxplot() 即可实现添加箱线图操作。为使箱线图不被遮挡，第 1 步绘制的小提琴图，通过 width 参数设置箱线图宽度，并通过 alpha 设置箱子填充色透明度，详见下面的代码，代码如下：

```
#代码 4-51 小提琴图+箱线图
library(dplyr)
library(magrittr)
library(ggplot2)
#将 readr 包加载到 R 环境,用于将 salesdata.csv 文件导入 R 环境
library(readr)
data1 <- read_csv('D://Per//MB//bookfile//Mbook//data//salesdata.csv')
## Rows: 4425 Columns: 5
## Column specification
## Delimiter: ","
## chr (3): date, category, region
## dbl (2): quantity, sales
##
## i Use `spec()` to retrieve the full column specification for this data
## i Specify the column types or set `show_col_types = FALSE` to quiet this message
#选择 B 和 C 序列,将数据按照品类+每日汇总
data1_1 <- data1 %>% filter(category %in% c('B','C')) %>%
  group_by(category,date) %>%
  summarise(sales_total = sum(sales))
## `summarise()` has grouped output by 'category'. You can override using the `.groups` argument
data1_1 %>% ggplot(aes(x = category,y = sales_total)) +
  geom_violin(aes(fill = category,color = category)) +
  geom_boxplot(width = 0.1,alpha = 0.9) +
  theme_classic()
```

代码运行的结果如图 4-46 所示。

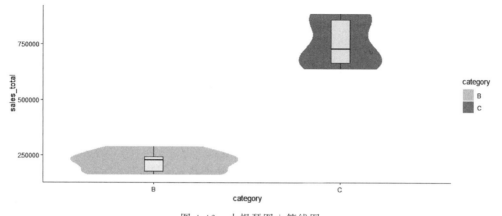

图 4-46 小提琴图＋箱线图

图 4-46 中的小提琴图能够反映数据观测点的多少,箱线图可以对 y 轴值分位数进行明显展示,二者结合弥补了各自的不足。

4.30 小提琴图与箱线图水平并列显示

4.29 节介绍了小提琴图与箱线图叠加显示,接下来介绍如何将二者错位并排显示。这里需要将 category 通过 as.factor(category)由文本变为因子,随后在绘图时使用 x=as.numeric(category)将原来的分类变量转换为连续数值变量。可以理解为这个动作提取了因子数值顺序号,代码如下:

```
#代码 4-52 图形并排错位显示(1)
library(dplyr)
library(magrittr)
library(ggplot2)
#将 readr 包加载到 R 环境,用于将 salesdata.csv 文件导入 R 环境
library(readr)
data1 <- read_csv('D://Per//MB//bookfile//Mbook//data//salesdata.csv')
## Rows: 4425 Columns: 5
## Column specification
## Delimiter: ","
## chr (3): date, category, region
## dbl (2): quantity, sales
##
## i Use `spec()` to retrieve the full column specification for this data
## i Specify the column types or set `show_col_types = FALSE` to quiet this message
#选择 B 和 C 序列,将数据按照品类+每日汇总
data1_1 <- data1 %>% filter(category % in % c('B','C')) %>%
  group_by(category,date) %>%
  summarise(sales_total = sum(sales)) %>%
  mutate(category = as.factor(category))
## `summarise()` has grouped output by 'category'. You can override using the `.groups` argument
data1_1 %>% ggplot(aes(x = category,y = sales_total)) +
  geom_violin(width = 0.3, aes(x = as.numeric(category) - 0.19, group = category, fill = category)) +
  geom_boxplot(width = 0.3, aes(x = as.numeric(category) + 0.19, group = category)) +
  theme_classic()
```

代码运行的结果如图 4-47 所示。

图 4-47 与图 4-46 表达的内容是一致的,只是显示效果有所区别,读者将此作为一个技巧掌握即可。

上面的因子数值转换可以将图形错位显示,但是 x 轴标签不再是品类的名称,而是数值,接下来给予修正。通过 scale_x_continuous 连续变量标度函数设置 x 轴 breaks,设置 x 轴刻度分割点,当然直接手工输入值也是可以的,代码如下:

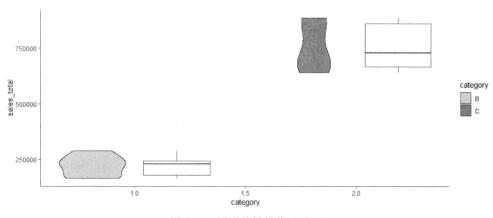

图 4-47　图形并排错位显示(1)

```
#代码4－53 图形并排错位显示(2)
library(dplyr)
library(magrittr)
library(ggplot2)
#将 readr 包加载到 R 环境,用于将 salesdata.csv 文件导入 R 环境
library(readr)
data1 <- read_csv('D://Per//MB//bookfile//Mbook//data//salesdata.csv')
## Rows: 4425 Columns: 5
## Column specification
## Delimiter: ","
## chr (3): date, category, region
## dbl (2): quantity, sales
##
## i Use `spec()` to retrieve the full column specification for this data
## i Specify the column types or set `show_col_types = FALSE` to quiet this message
#选择 B 和 C 序列,将数据按照品类＋每日汇总
data1_1 <- data1 %>% filter(category %in% c('B','C')) %>%
  group_by(category,date) %>%
  summarise(sales_total = sum(sales)) %>%
  mutate(category = as.factor(category))
## `summarise()` has grouped output by 'category'. You can override using the `.groups` argument
data1_1 %>% ggplot(aes(x = category,y = sales_total)) +
  geom_violin(width = 0.3,aes(x = as.numeric(category) - 0.19,group = category,fill = category)) +
  geom_boxplot(width = 0.3,aes(x = as.numeric(category) + 0.19,group = category)) +
  scale_x_continuous(breaks = 1:nlevels(data1_1 $ category),
                     labels = levels(data1_1 $ category)) +
  theme_classic()
```

代码运行的结果如图 4-48 所示。

图 4-48 修正了图 4-47 中的 x 轴标签问题。代码中 scale_x_continuous 中的代码等同于 scale_x_continuous(breaks＝c(1,2),labels＝c('B','C'))。第 2 种方法代码比较简洁,但

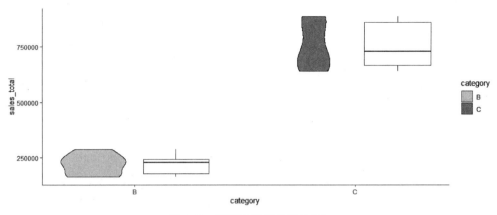

图 4-48　图形并排错位显示(2)

是第 1 种方法当增加序列时能够自动计算。如果绘图代码位于一个需要不断输入不同序列数据的模型中,则第 1 种代码更合适。

4.31　二维密度图

从图 4-1 散点图可以看出,在值较小的地方集中了大部分观测点,出现了严重的遮盖。通过对数据分箱绘制二维密度图可以了解遮盖的具体情况。下面的例子针对在 x 轴和 y 轴都是连续变量的情况下,使用 geom_bin2d 来展示二维密度,通过 bins 来控制具体箱子的个数,通过颜色来标识每个箱子里观测值的个数。代码 4-54 中 bins=40 表示在 x 轴和 y 轴上各自有 40 个切割点。通过 scale_fill_gradient2 可以对分箱后的图形按照每个箱子填充自定义颜色,该函数有 3 个参数,low、mid、high 分别用于设置 3 种颜色,最终会使用这 3 种颜色形成的调色板填充每个箱子,代码如下:

```
#代码 4-54 数据分箱
library(ggplot2)
library(readr)

data1 <- read_csv('D://Per//MB//bookfile//Mbook//data//salesdata.csv')
## Rows: 4425 Columns: 5
## Column specification
## Delimiter: ","
## chr (3): date, category, region
## dbl (2): quantity, sales
##
## i Use `spec()` to retrieve the full column specification for this data
## i Specify the column types or set `show_col_types = FALSE` to quiet this message
#将数据集通过分箱展示,每个箱子包含若干观测数据,通过颜色区分观测点多少
ggplot(data1,aes(x = quantity,y = sales)) + geom_bin2d(bins = 40) + theme_classic() +
    scale_fill_gradient2(low = 'grey90',mid = 'lightblue',high = 'red')
```

代码运行的结果如图 4-49 所示。

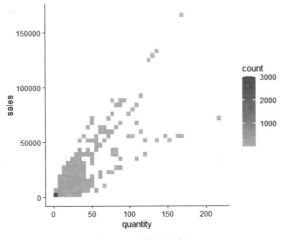

图 4-49　数据分箱

图 4-49 中的数据分箱后通过颜色展示观测值密度的大小,结果更形象直观。在数据集聚中心点有多个且数据量更大的情况下使用分箱,显示效果会更好。

通过 stat_density2d 函数对原始数据进行统计变换也可以实现对二维密度绘图。使用 fill=..density..将密度映射给填充色,使亮度与密度成正比,geom='raster'用于确定渲染方式使用 raster 或者 tile,contour = FALSE 用于设置不显示等高线,xlim(0,5) 及 ylim(0,1000) 用于设置坐标的显示范围。通过对图 4-49 中图形的观测,低销量及低销售额对应的区域密度较大,当然这个是按照数据记录计数统计的结果。在实际分析统计工作中,不能认为密度大就对整体影响大或者重要,例如密度大的点销售额不一定大,这是理解图表需要注意的地方。如果上述数据中将每条数据视作顾客销售记录,则可以得出结论:顾客购买的数量和金额低的部分占销售记录数的比重大。

下面通过对销售数据离散化,即用 cut() 函数切分为不同片段,对这些片段汇总计算可以得到精确的数据,假设重点希望了解销售占比情况,详细内容见下面的例子,代码如下:

```
#代码 4 - 55 数据离散化
library(ggplot2)
library(readr)

data1 <- read_csv('D://Per//MB//bookfile//Mbook//data//salesdata.csv')
## Rows: 4425 Columns: 5
## Column specification
## Delimiter: ","
## chr (3): date, category, region
## dbl (2): quantity, sales
##
## i Use `spec()` to retrieve the full column specification for this data
## i Specify the column types or set `show_col_types = FALSE` to quiet this message
```

```
#将数据集通过分箱展示,每个箱子包含若干观测数据,通过颜色区分观测点多少
data1 %>% mutate(sales = round(sales/10000,0)) %>%
  mutate(quantity_cut = cut(quantity,breaks = c(-Inf,5,10,20,60,100,+Inf)),
                 sales_cut = cut(sales,breaks = c(-Inf,1,3,5,+Inf))) %>%
  group_by(quantity_cut,sales_cut) %>% summarize(mcount = n(),sales_total = sum(sales)) %>%
  ungroup() %>%
  mutate(mcount_weight = mcount/sum(mcount),sales_weight = sales_total/sum(sales_total)) %>%
   arrange(-sales_total) %>%
  mutate(sales_weight_cumsum = cumsum(sales_weight)) %>%
  mutate(across(contains("weight"),scales::percent)) %>%
  head(10)
## `summarise()` has grouped output by 'quantity_cut'. You can override using the `.groups`
## argument
### A tibble: 10 × 7
## quantity_cut sales_cut mcount sales_total mcount_weight sales_weight
## <fct>        <fct>     <int>       <dbl> <chr>         <chr>
## 1 (5,10]     (-Inf,1]    612         179 13.831 %      13.69 %
## 2 (10,20]    (-Inf,1]    359         179 8.113 %       13.69 %
## 3 (20,60]    (1,3]        71         165 1.605 %       12.61 %
## 4 (60,100]   (5, Inf)     21         148 0.475 %       11.31 %
## 5 (100, Inf) (5, Inf)     15         137 0.339 %       10.47 %
## 6 (20,60]    (3,5]        27         117 0.610 %       8.94 %
## 7 (10,20]    (1,3]        49         104 1.107 %       7.95 %
## 8 (20,60]    (-Inf,1]    127          87 2.870 %       6.65 %
## 9 (100, Inf) (3,5]         9          43 0.203 %       3.29 %
## 10 (-Inf,5]  (-Inf,1]   3106          40 70.192 %      3.06 %
## # … with 1 more variable: sales_weight_cumsum <chr>
```

代码4-55中使用group_by()对数据分组,summarize()函数中n()计算得到每组数据的计数值,ungroup()将前面的group属性删除,否则后面的数据依旧按照组属性计算,这个不是希望的结果。mutate(across(contains("weight"),scales::percent))中across()函数会将包含weight的列提取出来,在这些列中运用scales::percent()调整为百分比格式。最后使用head(10)提取前10行数据。依据最后一列累计销售额占比,可以看出前10行记录中的销售额占整体的91.67%,最后一条记录(-Inf,5]的销售记录数占比为70.192%,但是销售占比只有3.06%,这也就是前面提及的销售记录或者说顾客量大,但销售占比不一定大。数据还可以支持其他更多分析或者可视化。

下面介绍如何使用stat_density2d()函数绘制二维密度图。将密度映射给fill参数,即fill=..density..,几何对象使用raster,删除等高线contour,详细用法见下面的代码。从图中可以看出销售记录数或者顾客量在1附近是比较大的,代码如下:

```
#代码4-56 stat_density2d绘制二维密度图(1)
library(ggplot2)
library(readr)

data1 <- read_csv('D://Per//MB//bookfile//Mbook//data//salesdata.csv')
```

```
## Rows: 4425 Columns: 5
## Column specification
## Delimiter: ","
## chr (3): date, category, region
## dbl (2): quantity, sales
##
## i Use `spec()` to retrieve the full column specification for this data
## i Specify the column types or set `show_col_types = FALSE` to quiet this message
ggplot(data1,aes(x = quantity, y = sales)) + stat_density2d(aes(fill = ..density..),geom =
'raster',contour = FALSE) +
    xlim(0,5) + ylim(0,1000)
## Warning: Removed 2462 rows containing non-finite values (stat_density2d)
## Warning: Removed 396 rows containing missing values (geom_raster)
```

代码运行的结果如图 4-50 所示。

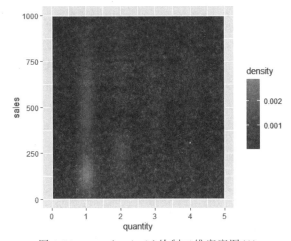

图 4-50 stat_density2d 绘制二维密度图(1)

使用 alpha=..density.. 将密度映射给透明度参数，使用瓦片渲染方式，此时颜色越深表示密度越大，代码如下：

```
#代码 4-57 stat_density2d 绘制二维密度图(2)
library(ggplot2)
library(readr)
data1 <- read_csv('D://Per//MB//bookfile//Mbook//data//salesdata.csv')
ggplot(data1,aes(x = quantity, y = sales)) + stat_density2d(aes(alpha = ..density..),geom =
'tile',contour = FALSE) +
    xlim(0,5) + ylim(0,1000)
## Warning: Removed 2462 rows containing non-finite values (stat_density2d)
```

代码运行的结果如图 4-51 所示。

上面介绍了针对 x 轴和 y 轴是连续变量的二维密度图，下面介绍分类变量下的二维密度图，也称为瓦片图，通过 geom_tile() 实现。在代码 4-58 中首先使用 dplyr 包按照 region、category 对变量 sales 汇总，加载 magrittr 以便使用管道操作。当然，也可以加载 tidyverse，将

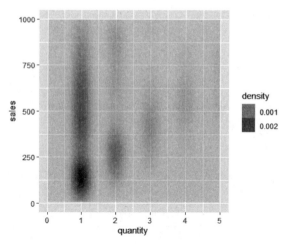

图 4-51 stat_density2d 绘制二维密度图(2)

上述包一并加载到环境中。为了更好地显示数据,汇总数据时将单位换算为万元,round 函数用于删除小数。通过 scale_fill_gradientn 修改填充颜色,该函数接受一组颜色值输入,通过计算生成过渡色并填充到图形中。本例中调用 RColorBrewer 中的 brewer.pal 函数,从调色板 Spectral 中抽取 11 种颜色值,rev 函数对这 11 种颜色进行逆序操作,以便使颜色的热度与值大小一致。最终将上述生成的颜色值传递给 scale_fill_gradientn 中的 colors 参数,代码如下:

```
#代码 4-58 瓦片图
library(ggplot2)
library(readr)
library(dplyr)
library(magrittr)
data1 <- read_csv('D://Per//MB//bookfile//Mbook//data//salesdata.csv')
## Rows: 4425 Columns: 5
## Column specification
## Delimiter: ","
## chr (3): date, category, region
## dbl (2): quantity, sales
##
## i Use `spec()` to retrieve the full column specification for this data
## i Specify the column types or set `show_col_types = FALSE` to quiet this message
data1_total <- data1 %>% group_by(region,category) %>%
  summarise(sales_total = round(sum(sales)/10000,0))
## `summarise()` has grouped output by 'region'. You can override using the `.groups` argument
ggplot(data1_total,aes(x = region,y = category,fill = sales_total)) + geom_tile() +
  scale_fill_gradientn(colors = rev(RColorBrewer::brewer.pal(11,'Spectral'))) +
  geom_text(aes(label = sales_total,
                color = if_else(sales_total < 60 | sales_total > 200,
  I("white"),I("grey40")))) + guides(color = guide_colorbar(position = 'none')) +
  theme_classic()
## Warning: colourbar guide needs continuous scales
```

代码运行的结果如图 4-52 所示。

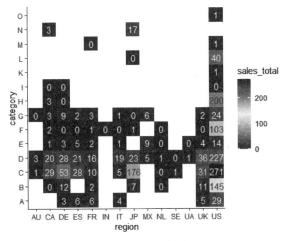

图 4-52　瓦片图

scale_fill_gradientn、scale_fill_gradient2 也可以生成过渡色，原理与 scale_fill_gradientn 类似。

图 4-52 虽然可以看出其中各值的差异性，但是坐标轴没有排序，因此规律性还可以更强。首先使用先前介绍的 reorder() 函数对数据进行排序，代码如下：

```
# 代码 4-59 瓦片图坐标轴排序(1)
library(ggplot2)
library(readr)
library(dplyr)
library(magrittr)
data1 <- read_csv('D://Per//MB//bookfile//Mbook//data//salesdata.csv')
## Rows: 4425 Columns: 5
## Column specification
## Delimiter: ","
## chr (3): date, category, region
## dbl (2): quantity, sales
##
## i Use `spec()` to retrieve the full column specification for this data
## i Specify the column types or set `show_col_types = FALSE` to quiet this message
data1_total <- data1 %>% group_by(region,category) %>%
summarise(sales_total = round(sum(sales)/10000,0))
## `summarise()` has grouped output by 'region'. You can override using the `.groups` argument
ggplot(data1_total, aes(x = reorder(region, - sales_total), y = reorder(category, - sales_
total),fill = sales_total)) + geom_tile() +
  scale_fill_gradientn(colors = rev(RColorBrewer::brewer.pal(11,'Spectral'))) +
  geom_text(aes(label = sales_total,
                color = if_else(sales_total < 60 | sales_total > 200,
    I("white"),I("grey40")))) + guides(color = guide_colorbar(position = 'none')) +
    theme_classic()
## Warning: colourbar guide needs continuous scales
```

代码运行的结果如图 4-53 所示。

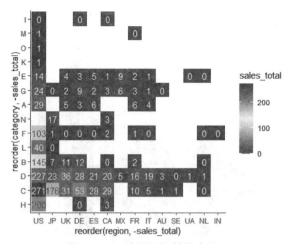

图 4-53 瓦片图坐标轴排序(1)

在最终的图形中较大的值集中在左下角,重点已经更加突出,x 轴已经按照由大到小排列,但是 y 轴的排列顺序并不太理想。下面将数据线转换为因子,因子水平按照金额大小排序,也就是将 x 轴 region 转换为因子并按照 sales 大小设置因子水平,将 y 轴 category 也转换为因子并按照 sales 大小设置因子水平,代码如下:

```
#代码4-60 瓦片图坐标轴排序(2)
library(ggplot2)
library(readr)
library(dplyr)
library(magrittr)
library(RColorBrewer)
data1 <- read_csv('D://Per//MB//bookfile//Mbook//data//salesdata.csv')
# Rows: 4425 Columns: 5
## Column specification
## Delimiter: ","
## chr (3): date, category, region
## dbl (2): quantity, sales
##
## i Use `spec()` to retrieve the full column specification for this data
## i Specify the column types or set `show_col_types = FALSE` to quiet this message
data1_total <- data1 %>% group_by(region,category) %>%
summarise(sales_total = round(sum(sales)/10000,0))
## `summarise()` has grouped output by 'region'. You can override using the `.groups` argument
#计算 region 汇总数,并将变量 region 设置为因子
region_total <- data1 %>% group_by(region) %>%
  summarise(sales_total = round(sum(sales)/10000,0)) %>% arrange(-sales_total) %>%
  mutate(region = forcats::fct_inorder(region))
#计算 category 汇总数,并将变量 category 设置为因子
category_total <- data1 %>% group_by(category) %>%
summarise(sales_total = round(sum(sales)/10000,0)) %>% arrange(-sales_total) %>%
  mutate(category = forcats::fct_inorder(category))

#将 data1_total 中的 region、category 设置为因子,因子水平使用上面计算的结果
```

```
data1_total_final <- data1_total %>% mutate(region = factor(region,levels = levels(region_
total $ region)),
        category = factor(category,levels = levels(category_total $ category)))
ggplot(data1_total_final,aes(x = region,y = category,fill = sales_total)) + geom_tile() +
   scale_fill_gradientn(colors = rev(RColorBrewer::brewer.pal(11,'Spectral'))) +
   geom_text(aes(label = sales_total,
             color = if_else(sales_total< 60 | sales_total > 200,I("white"),I("grey40")))) +
   #guides(color = guide_colorbar(position = 'none')) +
   theme_classic()
```

代码运行的结果如图 4-54 所示。

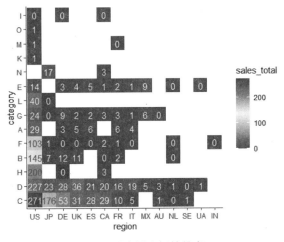

图 4-54 瓦片图坐标轴排序(2)

瓦片图在实际运用时可以添加其他计算指标,如增长率、毛利率、单价、销量等,具体选择哪个指标需要依据分析关注的内容,如希望关注增长情况,则将收入增长不高且收入占比较大部分的增长率标注出来,因为对整体增长率偏低影响较大的因素是那些在两个对比期间销售额较大且增长率偏低的部分。后续内容以此为依据,继续数据分析或定性分析揭示细节因素。

4.32 分面

通过图 4-54 介绍的 geom_line() 可以反映每个 region 每日的销售情况,但是由于各个 region 数据级差异太大,从而导致数值低的序列被压缩到了一个区域内,互相遮掩严重,代码如下:

```
#代码 4-61 折线图着色
library(ggplot2)
library(readr)
library(dplyr)
library(magrittr)
data1 <- read_csv('D://Per//MB//bookfile//Mbook//data//salesdata.csv')
## Rows: 4425 Columns: 5
## Column specification
```

```
##Delimiter: ","
##chr (3): date, category, region
##dbl (2): quantity, sales
##
##i Use `spec()` to retrieve the full column specification for this data
##i Specify the column types or set `show_col_types = FALSE` to quiet this message
data1 %>% group_by(date,region) %>%
summarise(sales_total = round(sum(sales)/10000,0)) %>%
ggplot(aes(x = date, y = sales_total, color = region, group = region)) + geom_line() + theme_classic()
## `summarise()` has grouped output by 'date'. You can override using the `.groups` argument
```

代码运行的结果如图 4-55 所示。

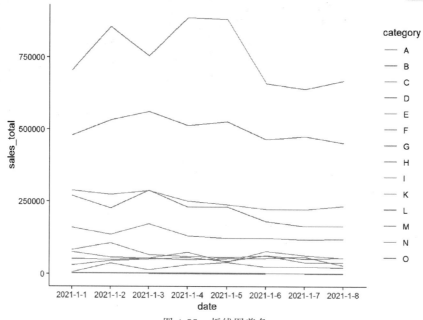

图 4-55　折线图着色

图 4-55 中大部分序列被压缩到 y 轴靠近 0 值的附近，区别不了其代表的数值趋势等。采用分面技术将每个地区分别绘制一幅独立的图，可以有效地解决这类问题。

ggplot2 通过函数 facet_grid() 及 facet_wrap() 来完成分面操作。下例中 facet_grid(region~.,scales='free_y')中的 region 表示按行分面，scales='free_y'代表分面后各个子图使用各自的 y 轴级距。各个子图的面积是一致的，如果需要更改为不同，则可以使用 space='free'实现。如果使用 facet_wrap()，则可以使用 ncol 控制显示的列数量，使用 rcol 控制图形按照若干行显示，代码如下：

```
#代码 4-62 分面折线图
library(ggplot2)
library(readr)
library(dplyr)
```

```
library(magrittr)
data1 <- read_csv('D://Per//MB//bookfile//Mbook//data//salesdata.csv')
## Rows: 4425 Columns: 5
## Column specification
## Delimiter: ","
## chr (3): date, category, region
## dbl (2): quantity, sales
##
## i Use `spec()` to retrieve the full column specification for this data
## i Specify the column types or set `show_col_types = FALSE` to quiet this message
data1 %>% group_by(date,region) %>%
summarise(sales_total = round(sum(sales)/10000,0)) %>%
  filter(region %in% c('US','CA','DE','JP','UK','FR') ) %>%
ggplot(aes(x = date,y = sales_total,color = region,group = region)) + geom_line() +
  facet_grid(region~.,scales = 'free_y') +
 theme_classic()
## `summarise()` has grouped output by 'date'. You can override using the `.groups` argument
```

代码运行的结果如图 4-56 所示。

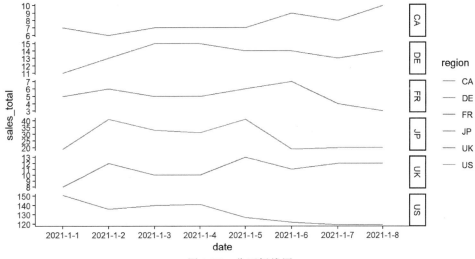

图 4-56　分面折线图

图 4-56 中 y 轴采用了不同数量级显示,如果希望进一步优化,则可以增加数据点、数据标签、将 y 轴标签及图例去除等步骤。

分面功能强大且操作简单,可以增加显示的维度,但是分面中各个子图的类型必须是一致的。如果希望对多张不同类型的图形进行拼接,则可以使用专门的包来完成,如后面将介绍的 patchwork 包。如果分面结果中的分面标签希望按照某个顺序排序,则可以考虑将分面变量设置为因子,将因子水平顺序设置为希望的顺序,这个可以参考前面的二维密度图中的用法,此处不再赘述。增加的分面标签的默认格式欠美观,如果希望优化,则可以通过 theme() 函数来完成,详细用法见下面例子,代码如下:

```
#代码4-63 分面标签设置
library(ggplot2)
library(readr)
```

```
library(dplyr)
library(magrittr)
data1 <- read_csv('D://Per//MB//bookfile//Mbook//data//salesdata.csv')
## Rows: 4425 Columns: 5
## Column specification
## Delimiter: ","
## chr (3): date, category, region
## dbl (2): quantity, sales
##
## i Use `spec()` to retrieve the full column specification for this data
## i Specify the column types or set `show_col_types = FALSE` to quiet this message
data1 %>% group_by(date,region) %>%
summarise(sales_total = round(sum(sales)/10000,0)) %>%
  filter(region %in% c('US','CA','DE','JP','UK','FR') ) %>%
ggplot(aes(x = date,y = sales_total,color = region,group = region)) + geom_line() +
  facet_grid(region~.,scales = 'free_y') +
  theme_classic() + theme(strip.text = element_text(size = 15,face = 'bold'),
                          strip.background = element_rect(color = 'white',fill = "lightblue"))
## `summarise()` has grouped output by 'date'. You can override using the `.groups` argument
```

代码运行的结果如图 4-57 所示。

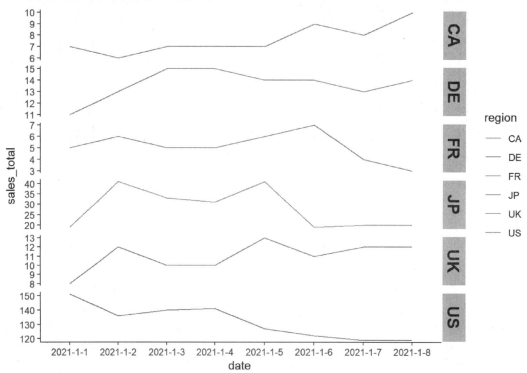

图 4-57 分面标签设置

图 4-57 中 strip.text() 可以设置分面标签的文字格式,本例中将 size 设置为 15,将字体设置为加粗。strip.background() 用于设置分面矩形背景格式,color 用于设置背景边框颜色,fill 用于设置背景填充色。

第 5 章 ggplot2 增强包介绍

由于 ggplot2 语法统一且能够支持绝大部分日常图表，因此生态圈越来越蓬勃繁荣。为了实现更加丰富的功能，不断有 ggplot2 相关的增强包出现，如 ggforce、ggstream、cowplot、ggthemes 等。这些包极大地简化或增强了 ggplot2 包原有的功能，并和其语法进行了融合，强烈建议读者按照需求深入学习。这些包首先都需要安装，语法是 install.packages('包名称')，如安装 ggforce 包，则可用 install.packages('ggforce')。包安装部分的方法都是相同的，因此在介绍具体的包时为了简化，假设读者已经安装了对应的包，安装过程将不再提及。

5.1 ggforce 包介绍

通过 install.package('ggforce')可以安装 ggforce 包，使用时 library('ggforce')将其加载到 R 环境中。该包可以对数据局部增加子图来放大局部数据，也可以对某些区域添加标识，该包还可以绘制平行集合图、维诺图（Voronoi 图），通过多个多边形切分空间，也叫沃罗诺伊图，俄国数学家格奥尔吉·沃罗诺伊发明了该空间分割算法。

前面介绍过如何使用 xlim、ylim 将散点图局部数据放大，这种方法有利于观察数据的局部，但是也丢失了范围之外的数据，导致图形不能反映整体。通过 ggforce 中的 facet_zoom 可以对局部放大，同时保留整体图表。当然 facet_zoom 可以实现更多放大功能，如可以筛选放大等。下面通过 iris 数据集进行相关操作，前面在介绍 dplyr 包时介绍过这个数据集。首先，以 Petal.Length 和 Petal.Width 分别为 x 轴、y 轴绘制散点图，其中 aes(x=Petal.Length,y=Petal.Width)可以简写为 aes(Petal.Length,Petal.Width)。通过 facet_zoom(x = Species == 'versicolor')实现在 Species == 'versicolor'的情况下对 x 轴放大，也就是筛选 Species 等于 versicolor 的情况下对 x 轴放大，代码如下：

```
#代码 5-1 facet_zoom 对 x 轴数据放大
library(ggplot2)
library(ggforce)
ggplot(iris, aes(Petal.Length, Petal.Width, colour = Species)) +
  geom_point() +
  facet_zoom(x = Species == 'versicolor')
```

图形结果自上到下分为两部分，分别是整体图形及被放大的子图。图形突出了子图，因此子图所占面积会更大一些。代码运行的结果如图 5-1 所示。

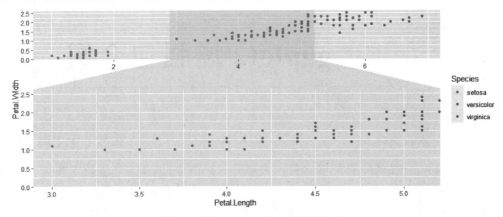

图 5-1　facet_zoom 对 x 轴数据放大

图 5-1 中上部的小图为原始图形，下部的大图为放大后的图形，这个显示效果用于强调被筛选出来的内容。显示效果与某些场景下需要"强调整体、弱化细节"是不同的，在实际使用场景中建议读者配合相关的文字说明。

也可以将 x 轴和 y 轴同时放大，facet_zoom(xy = Species == 'versicolor')将品类等于 versicolor 的点单独分离出来放大，代码如下：

```
#代码 5-2 facet_zoom 对 x 轴和 y 轴数据放大
library(ggplot2)
library(ggforce)
ggplot(iris, aes(Petal.Length, Petal.Width, colour = Species)) +
  geom_point() +
  facet_zoom(xy = Species == 'versicolor')
```

结果中左边是放大的局部图，右边是整体图，即右边包含了所有显示值，左边则只显示筛选的品种。代码运行的结果如图 5-2 所示。

将 x 轴和 y 轴同时放大的同时，在 facet_zoom 中可以增加参数 split = TRUE，将拆分后的数据显示为 x 轴放大、y 轴放大、x 轴和 y 轴同时放大 3 个子图，如图 5-3 所示，左上角为 y 轴放大图，右下角为 x 轴放大图，左下角为 x 轴和 y 轴放大图，代码如下：

```
#代码 5-3 facet_zoom 对 x 轴和 y 轴数据放大且分别显示
library(ggplot2)
library(ggforce)
ggplot(iris, aes(Petal.Length, Petal.Width, colour = Species)) +
  geom_point() +
  facet_zoom(xy = Species == 'versicolor', split = TRUE)
```

代码运行的结果如图 5-3 所示。

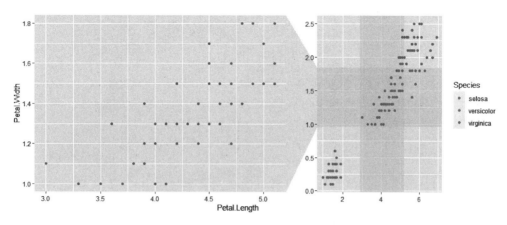

图 5-2　facet_zoom 对 x 轴和 y 轴数据放大

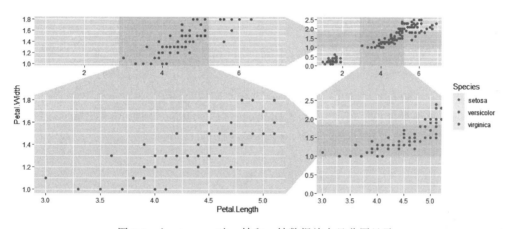

图 5-3　facet_zoom 对 x 轴和 y 轴数据放大且分图显示

前面的例子对特定筛选出的品类数据进行了放大,但是放大的是整个区域,因此也包含了其他 Species 的信息。如果只想显示筛选的 Species,则需要增加 zoom.data 参数,代码如下:

```
#代码 5-4 facet_zoom 指定放大数据
ggplot(iris, aes(Petal.Length, Petal.Width, colour = Species)) +
  geom_point() + facet_zoom(x = Species == 'versicolor',zoom.data = Species == 'versicolor')
```

facet_zoom 中设置了 zoom.data=Species=='versicolor',即子图中只包含水平中为 versicolor 的数据观察点。代码运行的结果如图 5-4 所示。

当然,facet_zoom 也可设置参数 xlim=c(最小值,最大值)或 ylim=c(最小值,最大值),将具体数值部分放大,当然也舍弃了筛选范围外的观测值。

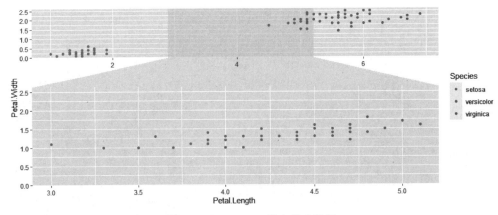

图 5-4 facet_zoom 指定放大数据

5.1.1 ggforce 中的分面

ggforce 中增加了几个分面的功能，如 facet_col 用于单列分面、facet_row 用于单行分面、facet_matrix 用于矩阵分面，下面分别举例介绍。先用 filter 函数筛选 US、CA、DE 3 个地区的数据，之后通过 facet_col 将数据在同一列分面展示，其中 scales='free'将 y 轴设置为依据数据自适应最优值。另外，space = 'free' 可以对每个子图的图片区域依据数据进行调整。facet_row 的使用方式与此类似，在此不举例说明，代码如下：

```
#代码 5-5 ggforce 分面
library(ggplot2)
library(ggforce)
library(readr)
library(dplyr)
library(magrittr)
data1 <- read_csv('D://Per//MB//bookfile//Mbook//data//salesdata.csv')
## Rows: 4425 Columns: 5
## Column specification
## Delimiter: ","
## chr (3): date, category, region
## dbl (2): quantity, sales
##
## i Use `spec()` to retrieve the full column specification for this data
## i Specify the column types or set `show_col_types = FALSE` to quiet this message
data1 %>% group_by(date,region) %>%
summarise(sales_total = round(sum(sales)/10000,0)) %>% filter(region %in% c('US','CA','DE')) %>%
ggplot(aes(x = date,y = sales_total,color = region,group = region)) + geom_line() +
  facet_col(~region,scales = 'free') +
 theme_classic()
## `summarise()` has grouped output by 'date'. You can override using the `.groups` argument
```

facet_col 分面结果与 ggplot2 中的 facet_grid()与 facet_wrap()效果是一致的，作为另外一个技巧掌握即可。代码运行的结果如图 5-5 所示。

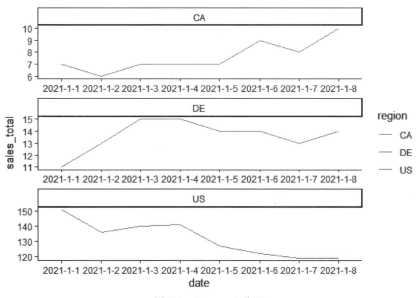

图 5-5　facet_col 分面

facet_matrix 可以依据选择的变量做矩阵分面,结果类似于散点图矩阵。下例中使用加载包自带的数据集 mpg,其实是一个描述不同生产商生产汽车的信息。选取其中的 3 个数值变量加入参数中,即 facet_matrix(vars(displ,cty,hwy)),最终得到一个散点矩阵图。该图便于观察数值变量间的大致关系,代码如下:

```
#代码 5-6 facet_matrix 分面
library(ggplot2)
library(ggforce)
ggplot(mpg) +
  geom_point(aes(x = .panel_x, y = .panel_y)) +
  facet_matrix(vars(displ, cty, hwy))
```

facet_matrix 分面散点图矩阵可以用来研究变量间的相关关系。粗略观察 hwy 与 cty 正相关性还是比较明显的,读者可以计算相关系数得到更加明确的结果。facet_matrix 分面散点图对线两边角显示的内容是重复的,观察一侧即可。示例结果如图 5-6 所示。

对于散点图矩阵,也可以直接将数据选取之后,使用基础绘图包 plot() 绘制,其中 plot(data) 也可以用 pairs(data) 实现,代码如下:

```
#代码 5-7 散点图矩阵
data <- mpg %>% select(displ, cty, hwy)
plot(data)
```

代码运行的结果如图 5-7 所示。

如果使用 pairs() 实现散点图矩阵,则可以选择保留对角线的上部或下部,希望深入研究的读者可以查看其帮助文件及网页,有更多自定义项可以选择。

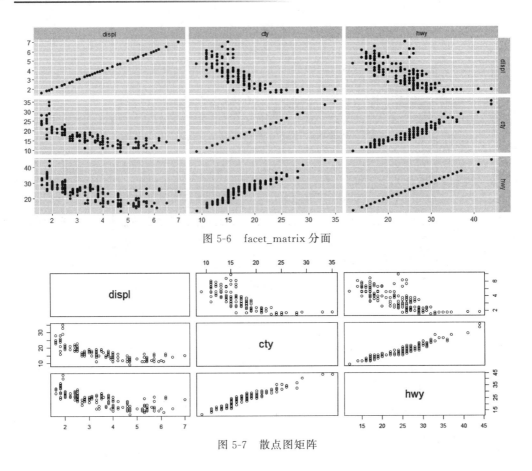

图 5-6 facet_matrix 分面

图 5-7 散点图矩阵

5.1.2 标注区域

在绘图中如果希望对某个区域进行标识，则可以使用 ggplot2 中的 annotate()设置参数 rect 实现，但只能使用矩形来标注并且需要输入确定值作为参数。ggforce 中的标识区域功能更加灵活，geom_mark_circle 使用圆形标识区域，geom_mark_ellipse 使用椭圆标识区域，geom_mark_hull 使用封闭曲线标识区域，geom_mark_rect 使用矩形标识区域。下面仍以鸢尾花数据集 iris 为数据源，首先绘制散点图，之后对某些品种的观测值增加批注信息。geom_mark_circle(aes(filter = Species == 'versicolor'))用于实现对 Species 等于 versicolor 部分数据区域使用圆形进行标识，可以在 geom_mark_circle()中通过 color 来调整圆形边框颜色，通过 size 来调整圆形边框线条的粗细。需要注意在 R 环境中等号需要使用双等号，因此 Species 等于 versicolor 的代码为 Species == 'versicolor'，代码如下：

```
#代码 5-8 geom_mark_circle 标识区域
library(ggplot2)
library(ggforce)
library(magrittr)
```

```
iris %>% ggplot(aes(Petal.Length, Petal.Width)) +
  geom_point(aes(color = Species)) +
  geom_mark_circle(aes(filter = Species == 'versicolor'))
```

黑色圆圈即是代码标识出来的区域,即 Species 等于 versicolor 的区域。当然,由于数据分布的原因,黑色圆圈内还包含了少量其他品种的观测值。代码运行的结果如图 5-8 所示。

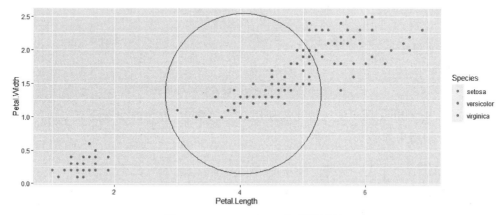

图 5-8　geom_mark_circle 标识区域

在 geom_mark_circle()函数中增加了 fill,可以设置圆形标识区域的填充色,如果将 fill 放入 aes()的内部,则可以将变量映射到填充色,同理边框颜色 color 也可以,代码如下:

```
#代码 5-9 geom_mark_circle 设置标识区域底色
library(ggplot2)
library(ggforce)
library(magrittr)
iris %>% ggplot(aes(Petal.Length, Petal.Width)) +
  geom_point(aes(color = Species)) +
  geom_mark_circle(aes(fill = Species,filter = Species == 'versicolor'))
```

增加了标识区域填充色后,突出效果更加明显。代码运行的结果如图 5-9 所示。

为了使图形更加清晰,一般可以在 geom_mark_circle 中通过 alpha 设置填充色的透明度,或者将 geom_point 放到绘图代码的最后。

geom_mark_ellipse 可以实现对数据使用椭圆形进行标识,代码与 geom_mark_circle 类似,代码如下:

```
#代码 5-10 geom_mark_ellipse 标识区域
library(ggforce)
library(magrittr)
iris %>% ggplot(aes(Petal.Length, Petal.Width)) +
  geom_point(aes(color = Species)) +
  geom_mark_ellipse(aes(fill = Species,filter = Species == 'versicolor'))
```

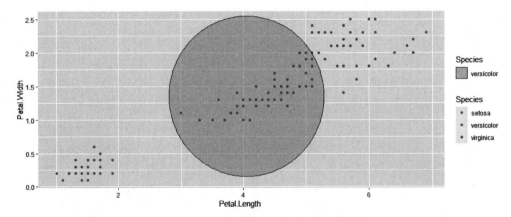

图 5-9　geom_mark_circle 设置标识区域底色

geom_mark_ellipse 圈识的区域比起使用圆更加聚焦，包含的非观测点空白区域会少些。代码运行的结果如图 5-10 所示。

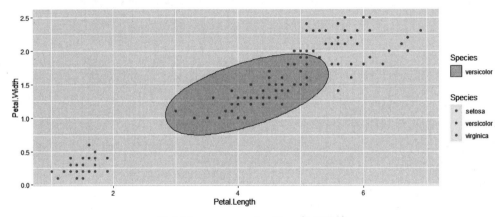

图 5-10　geom_mark_ellipse 标识区域

geom_mark_hull 可以使用多边形对指点区域进行标识。由于该函数需要调用 concaveman 包的功能，所以需要通过 install.packages('concaveman') 先安装该包，但是不需要手动单独将该包加载到 R 环境中，代码如下：

```
# 代码 5-11 geom_mark_hull 设置标识区域填充色
library(ggforce)
library(magrittr)
iris %>% ggplot(aes(Petal.Length, Petal.Width)) +
  geom_point(aes(color = Species)) +
  geom_mark_hull(aes(fill = Species, filter = Species == 'versicolor'))
## Warning: The concaveman package is required for geom_mark_hull
```

代码运行的结果如图 5-11 所示。

通过 geom_mark_circle()、geom_mark_ellipse()、geom_mark_hull() 等设置标识区域

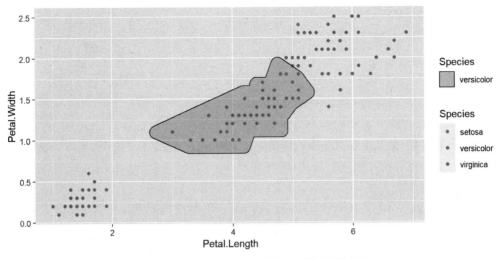

图 5-11 geom_mark_hull 设置标识区域填充色

非常方便,并且可以与颜色、线条颜色、线条类型等配合使用,可以更好地对需要突出的内容突出显示。

5.1.3 平行集合图

平行集合图和桑基图比较类似,主要用来对数据的多个维度观察结构或者流量总分关系演变。在 ggforce 中使用 gather_set_data 函数对数据进行处理,之后使用 ggplot2 中的 ggplot() 函数结合 ggforce 中的 geom_parallel_sets、geom_parallel_sets_axes、geom_parallel_sets_axes 来绘制平行集合图。由于该图形比较复杂、抽象,因此下面的例子从原始数据开始介绍。强烈建议读者在绘图环境中分步骤输入代码,分步查看运行结果,以便有一个直观的理解。

下面以 datasets 包中的 Titanic 为数据源,该数据源反映了泰坦尼克号事故中不同维度下乘客存活的状态。维度有船舱等级 Class、性别 Sex、年龄段 Age、是否存活 Survived,Freq 表示频次。先使用 as.data.frame() 函数将 Titanic 数据集由列联表转换为数据框,将结果赋值给对象 data0,在代码的最外边加上括号表示运行代码并显示结果,为了节约显示空间,使用 head() 函数选取前 10 行数据,代码如下:

```
# 代码 5-12 Titanic 数据源
library(ggforce)
library(magrittr)
(data0 <- Titanic %>% as.data.frame()) %>% head(10)
##   Class  Sex   Age Survived Freq
## 1   1st Male Child       No    0
## 2   2nd Male Child       No    0
## 3   3rd Male Child       No   35
## 4  Crew Male Child       No    0
```

```
##5     1st    Female  Child    No    0
##6     2nd    Female  Child    No    0
##7     3rd    Female  Child    No    17
##8     Crew   Female  Child    No    0
##9     1st    Male    Adult    No    118
##10    2nd    Male    Adult    No    154
```

之后,将data0使用gather_set_data转换为长格式。gather_set_data()中的第1个参数是待处理数据集,第2个参数是原始数据中需要将哪几列做长格式处理,可以类比gather()函数理解。本例中对前4列进行处理,因此代码为gather_set_data(data0,1:4),最终将结果赋值给plot_data。

最后,通过ggplot2中的函数ggplot()和ggforce包中的函数geom_parallel_sets()绘图,使用geom_parallel_sets_axes()对图形中的垂直柱子宽度等进行设置,使用geom_parallel_sets_labels()对图形中的垂直柱中的标签进行设置,代码如下:

```
#码 5-13 gather_set_data重塑数据源并绘制平行坐标轴图
library(ggforce)
library(magrittr)
plot_data <- gather_set_data(data0,1:4)

ggplot(plot_data, aes(x, id = id, split = y, value = Freq)) +
 geom_parallel_sets(aes(fill = Sex), alpha = 0.3, axis.width = 0.1) +
 geom_parallel_sets_axes(axis.width = 0.2) +
 geom_parallel_sets_labels(colour = 'white',size = 8,vjust = 2)
```

代码中geom_parallel_sets(aes(fill = Sex),alpha = 0.3,axis.width = 0.1)中的aes(fill = Sex)用于将性别Sex映射给柱子间连接曲线带的填充色,alpha = 0.3用于设置曲面带填充色透明度,axis.width = 0.1用于设置曲面带水平宽度,可以理解为曲面带与黑色柱子中间的间隔,当该值为1时曲面带消失,当该值为0时曲面带与黑色柱子之间完全连接。

geom_parallel_sets_axes(axis.width = 0.2)用于设置柱子的宽度,geom_parallel_sets_labels(colour = 'white',size=6,vjust=2)用于设置柱子左侧标签文字的颜色及字体,其中默认柱子标签是在柱子中间的,vjust=2用于将柱子标签左移。这里需要注意,vjust实际上是对标签进行垂直移动,在本例中受geom_parallel_sets_labels原始代码影响最终体现的是左右移动。

上面介绍了图形的绘制方法,现对其表达意义给予说明,从图形Age列可以提炼出信息:乘客成年人Adult占绝大多数,从Age列右侧的连接曲面带可以看出男性Male占大多数;图形Class列代表客舱等级,从其中可以得出:船员Crew占比最大,其中男性占比非常高,其次3等舱3nd占比也明显。其他内容也可以类似理解。平行集合图可以对数据多维度做一个直观的理解,特别针对结构数据占比情况。代码运行的结果如图5-12所示。

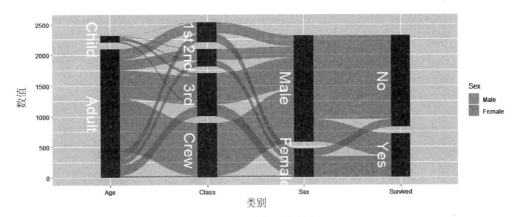

图 5-12　平行坐标轴图

平行坐标轴图用于表达数据的多个维度是非常直观的：如销售数据分析可能涉及品类间的占比、地区间的占比、销售部门间的占比等。通常的展示方法是将它们分开，逐个处理，但是相对烦琐，并且也不能用某个维度贯穿在这些分类中。

5.1.4　沃罗诺伊图

沃罗诺伊图采用多个多边形对空间切割，通过面积大小描述原始数据大小。该包依赖于 deldir 包，需要提前通过 install.packages('deldir')安装。下面以鸢尾花数据集的绘制举例。geom_voronoi_tile 中 aes(fill = Species)将按照 Species 分组填充颜色，geom_voronoi_segment()可以设置多边形框线，geom_text()中的参数比较复杂，stat(nsides)将每个分割点内的观测值计数后映射给标签，stat(vorarea)按照面积大小映射给标签，代码如下：

```
#代码 5-14 沃罗诺伊图
library(ggforce)
ggplot(iris, aes(Sepal.Length, Sepal.Width,group=1)) +
  geom_voronoi_tile(aes(fill = Species)) +
  geom_voronoi_segment() +
  geom_text(aes(label = stat(nsides), size = stat(vorarea)),
    stat = 'delvor_summary', switch.centroid = TRUE
  )
# #Warning: stat_voronoi_tile: dropping duplicated points
# #Warning: stat_voronoi_segment: dropping duplicated points
# #Warning: stat_delvor_summary: dropping duplicated points
```

通过多边形将数据切分为不同大小的区域，并配合填充颜色，对数据结构进行直观展示并且节约了图形空间。代码运行的结果如图 5-13 所示。

另外，沃罗诺伊图可以对数据结构进行展示的同时，以小块数据区域数量显示数据分布聚集度。

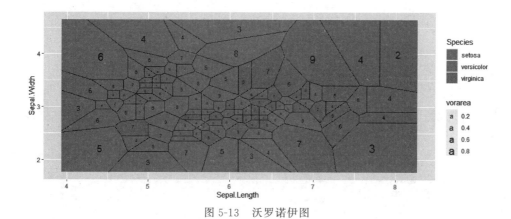

图 5-13　沃罗诺伊图

5.2　cowplot 包介绍

5.2.1　添加脚注

cowplot 包也是 ggplot2 增强包，提供了增加副标题、拼图、复合坐标轴图、组合边际图等内容，是提升 ggplot2 能力的重要补充包。下面介绍如何添加图表底部备注的功能，其中分为 3 个步骤：首先使用 ggplot2()绘制相关图形，其次使用 cowplot 包中的函数 add_sub()添加脚注，最后使用 ggdraw()函数生成最终的图形，代码如下：

```
#代码 5-15 添加脚注
library(ggplot2)
library(cowplot)
p1 <- ggplot(mtcars, aes(x = mpg, y = disp)) + geom_line(colour = "blue") + theme_minimal()
ggdraw(add_sub(plot = p1, label = "绘制折线图\n并添加底部备注的例子"))
```

add_sub()函数中参数 plot 是 ggplot2 生成的对象，参数 label 是文本标签，其中可以使用 \n 实现换行显示，在此列中 plot 及 label 关键子都可以省略。代码运行的结果如图 5-14 所示。

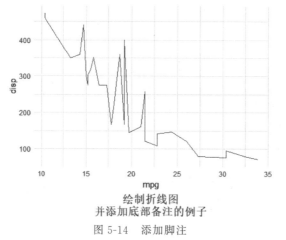

图 5-14　添加脚注

add_sub()中还可以设置文本位置坐标 x、y,以及设置文字大小、行间距等内容。具体可以参考 R 语言自带的帮助文档。

5.2.2 双坐标轴图

下面介绍 cowplot 绘制双 y 轴图,类似于 Excel 中添加次坐标轴序列。绘制的步骤为首先使用自带的数据集 mpg 中的前 100 行绘制两个 ggplot2 图形对象,接下来通过 cowplot 中的 align_plots()函数拼接 ggplot2 对象,最后使用 ggdraw()函数将拼接好的图形绘制出基础图,并使用 draw_plot()函数添加另一幅图形,代码如下:

```
#代码 5-16 双坐标轴图
library(ggplot2)
library(cowplot)
library(magrittr)
p1 <- ggplot(mpg %>% head(100), aes(x = manufacturer, y = hwy)) + stat_summary(fun.y =
"median",geom = "bar", fill = 'lightblue') + theme_half_open() +
    theme(axis.title.x = element_blank(), axis.text.x = element_blank())
p2 <- ggplot(mpg %>% head(100), aes(manufacturer, displ)) + geom_point(color = "red") +
scale_y_continuous(position = "right") + theme_half_open()
combine_plots <- align_plots(p1,p2,align = "hv",axis = "tblr")
ggdraw(combine_plots[[1]]) + draw_plot(combine_plots[[2]])
```

代码中使用 theme_half_open()主题,这个主题会将图形背景填充色变为透明,以便互相重叠后可以正常使用,手动自行设置也可以,不过相对烦琐,如图 5-15 所示。

由于 p1 及 p2 中 x 轴标签是重复的,因此 p1 中使用 theme 中的 axis. title. x = element_blank()去除 x 轴标题,使用 axis. text. x = element_blank()去除 x 轴刻度标签,若要求不高,则这个去除代码可以不添加。align_plots(p1,p2,align = "hv",axis="tblr")中

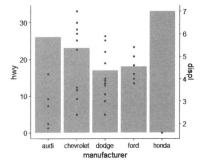

图 5-15 双坐标轴图

align 用于设置图形的呈现方向,axis 用于设置两个图形坐标轴的对齐方式,具体参数可以参考帮助文档。

5.2.3 图形添边际密度图

ggplot2 绘制的图形中在 x 轴、y 轴或者同时在 x 轴和 y 轴增加绘图区域,之后在区域增加密度图。在新增加的区域也可以添加文字等其他内容。下面的例子以鸢尾花 iris 数据集为数据,第 1 步,先绘制主图 main_plot,在主图的基础上通过 axis_canvas()新建 x 轴边际画布,随后添加密度曲线,得到 x 轴子图 x_sub_plot,以同样的逻辑建立 y 轴子图 y_sub_plot。第 2 步,使用 insert_xaxis_grob 将 x_sub_plot 插入主图 main_plot 中,接着插入 y_sub_plot。第 3 步,使用 ggdraw()函数绘制图形,代码如下:

```
# 代码 5-17 边际图
library(ggplot2)
library(cowplot)
library(magrittr)
# 使用 ggplot2 新建散点图,作为主图
main_plot <- ggplot(iris, aes(x = Sepal.Length, y = Sepal.Width, color = Species)) + geom_
point()

# 在主图上增加 x 轴边际画布,并增加密度曲线
x_sub_plot <- axis_canvas(main_plot, axis = "x") +
  geom_density(data = iris, aes(x = Sepal.Length, fill = Species), alpha = 0.7, size = 0.2)

# 在主图上增加 y 轴边际画布,并增加密度曲线
y_sub_plot <- axis_canvas(main_plot, axis = "y", coord_flip = TRUE) +
  geom_density(data = iris, aes(x = Sepal.Width, fill = Species), alpha = 0.7, size = 0.2) +
  coord_flip()

# 使用 insert_xaxis_grob()数据,将子图 x_sub_plot 插入主图 main_plot 中
p1 <- insert_xaxis_grob(main_plot, x_sub_plot, grid::unit(0.1, "null"), position = "top")
# 接下来,使用 insert_yaxis_grob()函数插入 y_sub_plot,最终储存在对象 p2 中
p2 <- insert_yaxis_grob(p1, y_sub_plot, grid::unit(.2, "null"), position = "right")
# 最终使用 ggdraw()将图绘制出来
ggdraw(p2)
```

使用上述代码在 x 轴及 y 轴添加了数据分布,并且通过填充色对品种 Species 进行了区分。结合中间的散点图,阅读者可以快速获得更多数据信息。代码运行的结果如图 5-16 所示。

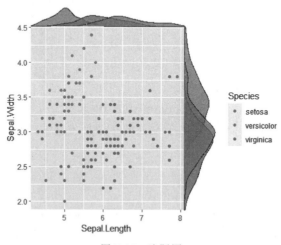

图 5-16 边际图

该图形的绘制过程比较复杂,建议读者分步执行代码,以便有一个直观的感受,最终理解绘制过程。y 轴的边际图反映了 3 个品类 Species 在 Sepal.Width 上的分布情况,同理可以理解 x 轴边际图。cowplot 包还有其他一些功能,感兴趣的读者可以参考帮助文档。

5.3 ggstream 包介绍

ggstream 包可以绘制河流图，在主要的绘制过程中将组别映射到 fill 参数，整体还是非常简单的。当然，该图不能精确地反映数据的值，另外数据量稍大时渲染时间会稍长。下面首先新建数据源 df，x = rep(1:10, 3) 表示 1～10 重复 3 次，即 1～10 每个值重复 3 次组成了变量 x。rpois(30, 2) 用于生成 30 个泊松随机数，其均值被设置为 2。sort(rep(c('A', 'B', 'C'), 10)) 表示先用 rep() 函数将向量 c('A', 'B', 'C') 重复 10 次，之后用 sort() 函数排序。最后使用 ggplot2() 绘图函数并增加 geom_stream() 即可绘制河流图，其中 fill 参数是必选参数，代码如下：

```
#代码 5-18 河流图
library(ggplot2)
library(ggstream)
#首先建立数据集：
#rep(1:10, 3)表示1～10重复3次，即1～10每个值重复3次组成了变量x
#rpois(30, 2)用于生成30个泊松随机数，其均值被设置为2
df <- data.frame(x = rep(1:10, 3),
                 y = rpois(30, 2),
                 group = sort(rep(c("A", "B", "C"), 10)))
ggplot(df, aes(x = x, y = y, fill = group)) +
  geom_stream() + theme_classic()
```

河流图对于数据趋势的整体展示非常直观，无须额外说明，但是由于数据是堆叠的，因此不适合展示精确的数据趋势或者序列间的对比。代码运行的结果如图 5-17 所示。

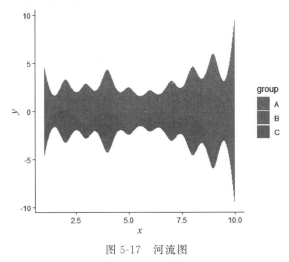

图 5-17　河流图

图 5-17 展示出值 7.5 前数据的整体波动趋势，之后增幅明显，这个变化主要受 B 组数据明显增加的影响。

5.4 ggrepel 包介绍

ggrepel 包主要包含 geom_text_repel() 和 geom_label_repel() 函数，用来处理标签，其功能与 ggplot2 包中的 geom_text() 类似，不同点在于这两个函数可以自动地对每个标签的位置进行优化，尽量避免互相遮盖。geom_text_repel() 和 geom_label_repel() 的区别在于后者在添加标签文本的同时会在标签周围添加一个矩形框。下面以数据源 mtcars 为例介绍 geom_text_repel() 的用法，代码如下：

```
#代码 5-19 geom_text_repel()处理文本遮盖问题
library(ggplot2)
library(ggrepel)
ggplot(mtcars,
    aes(wt, mpg, label = rownames(mtcars), colour = factor(cyl))) +
    geom_point() + geom_text_repel() + theme_classic()
```

通过 geom_text_repel() 对文本标签的位置自动进行了优化，并为几个点与标签距离较远的添加了与点中间引导线。代码运行的结果如图 5-18 所示。

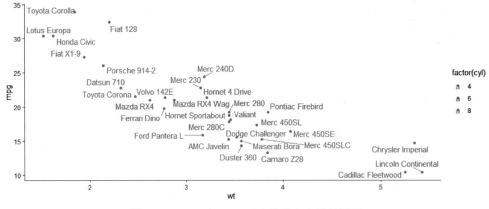

图 5-18　geom_text_repel()处理文本遮盖问题

geom_label_repel() 在文本周围添加了文本框，除此之外功能和 geom_text_repel() 一致，代码如下：

```
#代码 5-20 geom_label_repel()处理文本遮盖问题
library(ggplot2)
library(ggrepel)
ggplot(mtcars,
    aes(wt, mpg, label = rownames(mtcars), colour = factor(cyl))) +
    geom_point() + geom_label_repel() +
    theme_classic()
## Warning: ggrepel: 7 unlabeled data points (too many overlaps). Consider
## increasing max.overlaps
```

添加文本框标签后，标签文字更加清晰，但是标签占据了空间，图形相对显得拥挤。代码运行的结果如图 5-19 所示。

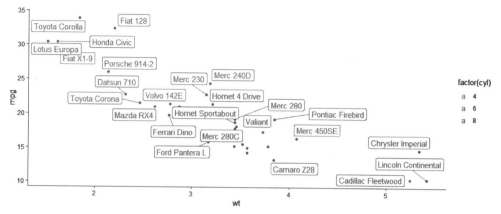

图 5-19　geom_label_repel()处理文本遮盖问题

图 5-19 中 label 可以设置边框颜色、填充底色等，在某些情况下可以展示另外的数据维度。笔者常在 x 轴及 y 轴均是分类变量的情况下使用 geom_tile()展示数据，同时使用 geom_label()将某个变量映射到填充色中，类似于 Excel 中的条件格式显示效果。感兴趣的读者可以进一步研究。

5.5　treemapify 包介绍

treemapify 包可以绘制树形图，可以视同为面积分割图，即将总面积分割为不同的长方形，以此表示数值大小。也有人将谱系图称为树形图（像树根一样表达不同的层级关系），后面章节会有提及。treemapify 包绘制的图其实不太像"树"，更像是迷宫图。treemapify 包是 ggplot2()增强包，因此遵守其语法，需要注意的是新增参数 area 将切割出来的面积大小与原始数据对应，ggplot()之后直接使用 geom_treemap()即可出图，代码如下：

```
#代码 5-21 树图
library(ggplot2)
library(treemapify)
library(magrittr)
treemap_data <- data.frame(category = c('A','B','C','D'),
                           sales = c(70,40,60,12))
treemap_data %>% ggplot(aes(fill = category,area = sales)) +
  geom_treemap()
```

当序列较多时 geom_treemap()展示各序列占比的效果优于饼图，并且会由大到小突出重点序列。代码运行的结果如图 5-20 所示。

如果希望将标签添加到图形中，则不能使用 geom_text()，而是需要使用 geom_treemap_text()函数，接下来在图 5-20 中添加品类及对应的金额作为标签，代码如下：

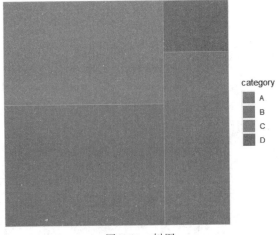

图 5-20 树图

```
#代码 5-22 向树图添加标签
library(ggplot2)
library(treemapify)
library(magrittr)
treemap_data <- data.frame(category = c('A','B','C','D'),
                           sales = c(70,40,60,12))
treemap_data %>% ggplot(aes(fill = category, area = sales)) +
    geom_treemap() + geom_treemap_text(aes(label = paste0(category,'\n',sales))) +
    theme(legend.position = 'none')
```

通常情况下建议数图都添加标签,增加其精确的数据信息,最终在快速展示数据值大小的同时,提供给读者更多信息。代码运行的结果如图 5-21 所示。

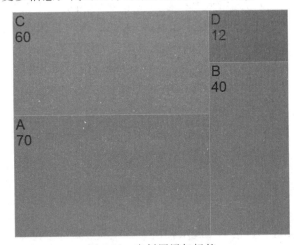

图 5-21 向树图添加标签

treemapify 包可以添加明细层级,分别使用 geom_treemap_subgroup_border()表达第 2 层级,使用 geom_treemap_subgroup2_border()表达第 3 层级。

树图由于使用长方形面积的大小表达每个部门的占比,整体空间使用率会高于饼图。另外,多层次结构也可以表达更多内容。

5.6 waterfalls 包介绍

waterfalls 包用来绘制瀑布图,展示数据演变的过程。该包的语法和 ggplot2 中的不同：fill_by_sign = TRUE 表示按照正负号分组填充颜色,如果参数值为 FALSE,则每项视同向 1 个离散变量填充颜色;calc_total = TRUE 表示需要计算总列数;total_rect_text 用于设置总列数柱标签的显示值;rect_border 用于设置是否显示柱子边缘线;rect_text_size 用于设置柱子标签文字大小的倍数;total_axis_text 用于设置总计列 x 轴标签的显示内容。如果还需要修饰其他内容,则可以设置包中的其他参数或者通过 ggplot2 中的 theme() 函数来完成,代码如下：

```
#代码 5-23 瀑布图
library(ggplot2)
library(waterfalls)
waterfall_data <- data.frame(item = c('收入','成本','销售费用','管理费用','财务费用'),
                    amount = c(1000, -550, -200, -90, -38))
waterfall_data %>% waterfall(fill_by_sign = TRUE,
                    calc_total = TRUE,
                    total_rect_text = sum(waterfall_data$amount),
                    rect_border = FALSE,
                    rect_text_size = 1.5,
total_axis_text = "利润") + theme_minimal() +
theme(axis.title = element_blank(),
      axis.text.x = element_text(size = 15))
```

本列中展示了收入到利润的关系,利润等于收入扣减成本费用后的结果,有一定财经背景的读者相信对此会更加熟悉。代码运行的结果如图 5-22 所示。

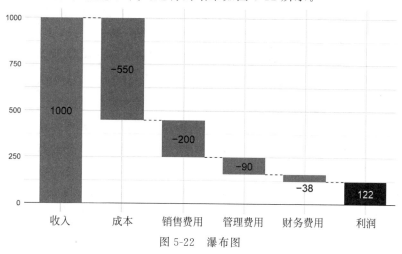

图 5-22 瀑布图

从操作角度考虑：Excel 中绘制瀑布图操作更加简单，设置标签、填充色等更加自由灵活，如果只是一次性制图，则可以考虑使用 Excel。

但是，如果是和计算等结合，希望后续能高效复用，则建议使用 R 语言。笔者在实际工作中经常使用循环语句绘制多幅瀑布图来展示不同角度的变化，效率提升还是非常明显的。

waterfalls 包不支持直接分面，但是如果需要，则可以通过循环生成图形之后拼接在一起。

5.7 geomtextpath 包介绍

这个包主要对 ggplot2 中文字标签的呈现进行了优化：将文字按照曲线或线条方向做出有弧度的文字，类似于 Office 中的有弧度艺术字。首先通过 install.packages('geomtextpath') 安装该包。也可以安装最新的开发版 remotes::install_GitHub("AllanCameron/geomtextpath")，如果用此方法安装，则需要先安装 remotes 包。另外，该包对英文支持较好，直接使用即可。如果使用中文，则由于不是所有类型的字体都可以转换角度，因此需要下载特定的字体，如下载 noto-sans 字体，之后通过 family 参数指定该字体。

5.7.1 geom_textpath 函数

geom_textpath()可以依据图形的形状添加对应的有弧度的文本标签，可以配合 coord_polar 极坐标使用。下例中的圆环图，如果使用 ggplot2 包中的 geom_text()，则可以添加文本，不过文本都是水平方向的，使用 geom_textpath()即可添加显示效果更佳的有弧度文本，代码如下：

```
#代码 5-24 向圆环图添加弧形标签
library(tidyverse)
library(geomtextpath)
library(ggplot2)
plot_data_2 <- data.frame(category = c('category_A','category_B','category_C','category_D'),
                          amount = c(1,6,4,7))

plot_data_2 %>% ggplot(aes(x = 1, y = amount, fill = category)) +
  geom_col() + geom_textpath(position = position_stack(vjust = 0.5),
                             aes(label = category)) +
  coord_polar() + theme_void()
```

添加有弧度的标签后，整个图形更加柔和，增加了高级感。代码运行的结果如图 5-23 所示。

向圆环图添加弧形标签这一技巧不会改变图形呈现的内容，不过对于希望对图形精修或有更高要求的读者是一项不错的选择。

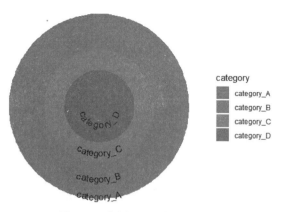

图 5-23 向圆环图添加弧形标签

5.7.2 geom_textline 函数

geom_textline()函数可以添加曲线及曲线标签,当然这个标签也是有弧度的。下例以 datasets 包中的 pressure 数据集为例,使用 geom_textline()在绘制曲线的同时使用弧度标签。geom_textline()参数有 label 显示的文本标签、size 文字大小、vjust 垂直调整量、linewidth 线条粗细、linecolor 线条颜色、linetype 表示线型(实线或虚线等)、color 标签颜色。geom_textline()类似于 ggplot2()中 geom_line()和 geom_text()的组合,只是文字有了弧度,代码如下:

```
#代码 5-25 geom_textline()添加弧形文本标签
library(datasets)
library(geomtextpath)
library(ggplot2)
ggplot(pressure, aes(x = temperature, y = pressure)) +
  geom_textline(label = "curved pressure line", size = 6, vjust = -0.5,
                linewidth = 1, linecolor = "red4", linetype = 2,
                color = "deepskyblue4")
```

geom_textline()添加与曲线弧度相同的文本标签,增强了图形的趋势展示能力。代码运行的结果如图 5-24 所示。

在 geom_textline()中当数据序列比较多呈现锯齿状时,可以通过 text_smoothing 参数调整字体的平滑度,代码如下:

```
#代码 5-26 在 geom_textline()中调整标签弧度
library(ggplot2)
library(geomtextpath)
ggplot(economics, aes(date, unemploy)) +
  geom_textline(linecolour = "grey", size = 4, vjust = -1, hjust = 0.35,
                label = "1990s Decline", text_smoothing = 30)
## Warning: The text offset exceeds the curvature in one or more paths. This will result in
## displaced letters. Consider reducing the vjust or text size, or use the hjust parameter to
## move the string to a different point on the path
```

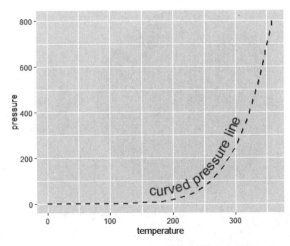

图 5-24　geom_textline()添加弧形文本标签

在 geom_textline()中调整标签弧度效果可能需要多次调整后才可以得到最优效果,当然使用 R 语言绘图的优势就是调整参数后可以快速绘制新条件下的图形。代码运行的结果如图 5-25 所示。

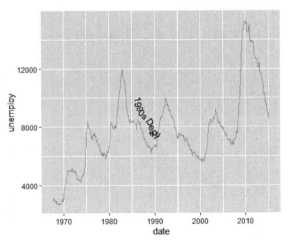

图 5-25　在 geom_textline()中调整标签弧度

5.7.3　geom_textdensity 函数

geom_textdensity()可以在密度曲线中添加弧度文字,图形线条部分和 geom_density()是一致的。下例中 fontface=2 用于设置标签文字加粗,如参数是 1,则无加粗效果,其中的 2 也可以使用 bold。通过 hjust 及 vjust 调整文字在坐标轴上的位置,代码如下:

```
#代码 5-27 geom_textdensity()绘制密度曲线
library(geomtextpath)
```

```
library(ggplot2)
ggplot(iris, aes(x = Sepal.Length, colour = Species, label = Species)) +
  geom_textdensity(size = 6, fontface = 2, hjust = 0.2, vjust = 0.3) +
  theme(legend.position = "none")
```

标签位置为居于线条的中间,即线条会穿过文字的横向中心位置。当然这里所指的横向是一个直观的大概描述,不是精确描述,因为曲线是有斜率的。代码运行的结果如图5-26所示。

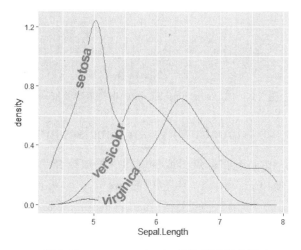

图 5-26　geom_textdensity()绘制密度曲线

图 5-26 中的标签位置通过 hjust、vjust 在水平及垂直方向给予了调整,如果希望标签在每个序列的最高点显示,则可以将 hjust 参数值调整为 ymax,代码如下:

```
#代码5-28 在geom_textdensity()中使用参数值ymax
library(geomtextpath)
library(ggplot2)
ggplot(iris, aes(x = Sepal.Length, colour = Species, label = Species)) +
  geom_textdensity(size = 4, fontface = 2, spacing = 40, hjust = 'ymax', vjust = 0.3) +
  theme(legend.position = "none")
```

使用 ymax 后标签会位于每个序列的最高点,但是如果标签文字太长且曲线顶点较为陡峭,标签则会显得拥挤。代码运行的结果如图 5-27 所示。

代码中 spacing 参数用于设置文字占据位置的大小。当文字大小一定时,如果调小 spacing 参数,则文字间距会被压缩,更加紧凑,反之亦然。

geom_textdensity()添加的标签会位于线条的正中,会覆盖对应区域的线条,这一点与 geom_textline()添加的标签效果是不同的。

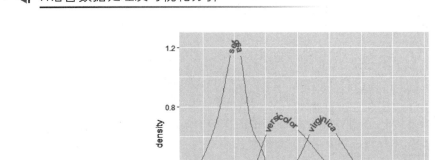

图 5-27　在 geom_textdensity() 中使用参数值 ymax

5.7.4　geom_textsmooth 和 geom_labelsmooth

先前介绍过 geom_smooth 在散点图或折线图中添加拟合曲线。如果需要给拟合曲线添加弧度标签，则可以使用 geomtextpath 包中的 geom_textsmooth 和 geom_labelsmooth，后者会在文本下面添加一个带底色的文本框，二者的区别类似于 geom_text() 和 geom_label() 的区别。下例以 iris 为绘图数据源，其中 text_smoothing 用于设置标签文本的平滑度，fill 用于设置标签文本框的底色，method 用于设置拟合方法，boxlinewidth 用于设置标签文本框边线的粗细。scale_colour_manual 用于自定义图形中的线条及边框颜色。因为已经有文字标签，因此使用 theme(legend.position = 'none') 将图例删除，以免信息重复，代码如下：

```r
#代码 5-29 geom_labelsmooth 的用法
library(datasets)
library(geomtextpath)
library(ggplot2)
ggplot(iris, aes(x = Sepal.Length, y = Petal.Length, color = Species)) +
  geom_point(alpha = 0.3) +
  geom_labelsmooth(aes(label = Species), text_smoothing = 30, fill = "#F6F6FF",
                   method = "loess", formula = y ~ x,
                   size = 4, linewidth = 1, boxlinewidth = 0.1) +
  scale_colour_manual(values = c("forestgreen", "deepskyblue4", "tomato4")) +
  theme(legend.position = "none")
```

geom_label_smooth 的左右与 geom_label 实现的效果类似，只是将标签框和标签文字给予了弧度，尽可能让更多图形元素表达数据的趋势，在呈现效果上更加精致。代码运行的结果如图 5-28 所示。

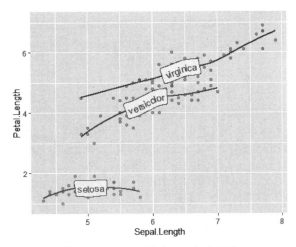

图 5-28　geom_labelsmooth 的用法

5.7.5　geom_contour_filled 和 geom_textcontour

geom_contour_filled()结合 geom_textcontour()可以绘制等高线密度图,geom_contour_filled()负责绘制二维密度图,geom_textcontour()负责绘制等高线及数值标签。下例中使用 volcano 数据集作为数据源。首先,使用 volcano 由 matrix 存储样式转换为 data.frame(),expand.grid()函数将原数据生成新数据框中的 x 和 y 变量,col_seq 将 volcano 中的值赋值给新数据框中的 z 变量。

在 geom_contour_filled()中 bins 用于设置数据分箱值,alpha 将填充色透明度设置为 60%。geom_textcontour()中的 straight＝TRUE 用于设置等高线数值标签无弧度(但是数据的方向还是依随曲线有角度的)。在 scale_fill_manual(values ＝ terrain.colors(11))中使用 terrain.colors 调色板中的 11 颜色填充。theme(legend.position ＝'none')用于去除图例,代码如下:

```
#代码 5-30 geom_textcontour 的用法
library(datasets)
library(geomtextpath)
library(ggplot2)
df <- expand.grid(x = seq(nrow(volcano)), y = seq(ncol(volcano)))
df$z <- as.vector(volcano)
ggplot(df, aes(x = x, y = y, z = z)) +
  geom_contour_filled(bins = 6, alpha = 0.6) +
  geom_textcontour(bins = 6, size = 4, straight = TRUE) +
  scale_fill_manual(values = terrain.colors(11)) +
  theme(legend.position = "none")
```

在实际工作中对大部分读者来讲应该使用机会较少,不过如果涉及地理等信息的展示,则是不错的选择。代码运行的结果如图 5-29 所示。

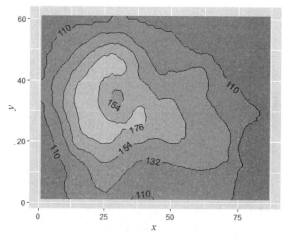

图 5-29　geom_textcontour 的用法

5.7.6　添加带标签的参考线

ggplot2 中可以使用 geom_hline()、geom_vline()、geom_abline()分别添加水平参考线、垂直参考线和有角度的直线。在 geomtextpath 包中对应的集合对象是 geom_texthline、geom_textvline、geom_textabline，只是能同时添加文本标签，ggplot2 中需要在绘制线条之后使用 geom_text()添加标签。geom_textabline()中的 slope 参数用于设置直线的角度，这 3 个几何对象中的其他参数都与上面例子中的参数类似，代码如下：

```
#代码 5-31 geom_textvline 的用法
library(geomtextpath)
library(ggplot2)
ggplot(mtcars, aes(mpg, disp)) +
  geom_point() +
  geom_texthline(yintercept = 200, label = "horizon line",
                 hjust = 0.8, color = "red4") +
  geom_textvline(xintercept = 20, label = "vertical line", hjust = 0.8,
                 linetype = 2, vjust = 1.3, color = "blue4") +
  geom_textabline(slope = 15, intercept = -100, label = "slope line",
                  color = "green4", hjust = 0.6, vjust = -0.2)
```

可以调整斜率的参考线，是对 ggplot2 中 geom_vline()和 geom_hline()的重要补充。代码运行的结果如图 5-30 所示。

除了图 5-30 中的 3 类参考线外，时常需要标识序列间的差异值，如月份间差异、预算实际差异等，geom_textcurve()可以实现上述效果，代码如下：

```
#代码 5-32 geom_textcurve()添加参考线
library(ggplot2)
library(geomtextpath)
df <- data.frame(sales_type = c("actual", "budget"), sales = c(200, 150))
```

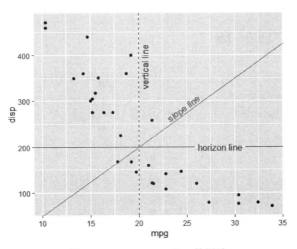

图 5-30 geom_textvline 的用法

```
gap <- paste0('actual vs budget : ',df$sales[1] - df$sales[2])
ggplot(df, aes(sales_type, sales)) +
  geom_col(fill = "gold", color = "gray50") +
  geom_textcurve(data = data.frame(x = 1, xend = 2,
                                   y = 200 + 20,
                                   yend = 150 + 20),
                 aes(x, y, xend = xend, yend = yend), hjust = 0.4,
                 curvature = -0.4, label = gap) +
  geom_point(aes(y = sales + 20)) +
  scale_y_continuous(limits = c(0, 300))
```

geom_textcurve()添加连接参考线后使图标更加直观,也符合大多数阅读者的理解方式,唯一不太方便的地方是需要构建标签数据源。代码运行的结果如图 5-31 所示。

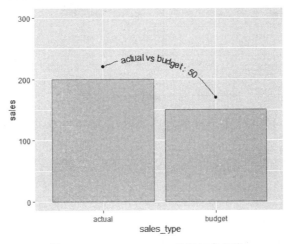

图 5-31 geom_textcurve()添加参考线

5.8　ggfittext 包介绍

geomtextpath 包用于解决随曲线方向显示有弧度标签的问题，ggfittext 包用于解决在特定区域里显示文字的问题：随区域大小改变文字字号或换行显示，当然弧形文字也可以实现。ggfittext 包更为重要的一项特性是配合 geom_tile() 瓦片图中的文字可以反色显示，即填充色为深色时标签文字为浅色。下例中先使用 geom_tile() 绘制瓦片图，然后使用 ggfittext 包中的 geom_fit_text() 添加文字，代码如下：

```
#代码 5-33 ggfittext 的用法
library("ggplot2")
library("ggfittext")
ggplot(animals, aes(x = type, y = flies, label = animal)) +
  geom_tile(fill = "white", colour = "black") +
  geom_fit_text()
```

geom_fit_text() 让标签文字以速效文字大小的方式显示在一行，结果类似于 Excel 单元格格式中的"缩小字体填充"。代码运行的结果如图 5-32 所示。

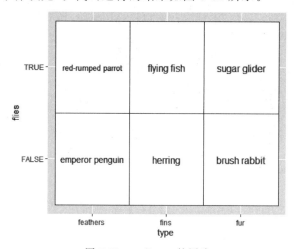

图 5-32　ggfittext 的用法

通过上面的例子，将标签文字设置为自动换行，在 geom_fit_text() 中添加 reflow = TRUE 即可，代码如下：

```
#代码 5-34 在 ggfittext 中设置自动换行
ggplot(animals, aes(x = type, y = flies, label = animal)) +
  geom_tile(fill = "white", colour = "black") +
  geom_fit_text(reflow = TRUE)
```

在 ggfittext 中设置自动换行的结果类似于 Excel 单元格格式设置中的"自动换行"。代码运行的结果如图 5-33 所示。

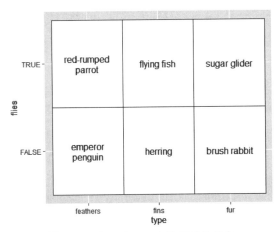

图 5-33 在 ggfittext 中设置自动换行

由于文字大小不同,下面将文字占用面积调整为一样,即将文字多的标签字号调小,将文字少的字号调整大,在 geom_fit_text() 中设置 grow = TRUE 即可实现上述效果,代码如下:

```
#代码 5-35 在 ggfittext 中 grow 参数的用法
ggplot(animals, aes(x = type, y = flies, label = animal)) +
  geom_tile(fill = "white", colour = "black") +
  geom_fit_text(reflow = TRUE, grow = TRUE)
```

将文字自适应调整大小显示,无须对标签提前处理或逐个设置文字大小,非常方便。代码运行的结果如图 5-34 所示。

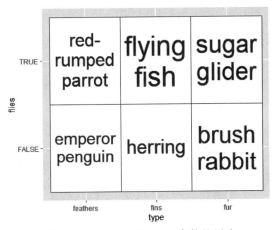

图 5-34 ggfittext 中 grow 参数的用法

下例中将文字调整为左上对齐,在 geom_fit_text() 中设置 place = "topleft" 即可实现上述效果,代码如下:

```
#代码 5-36 在 ggfittext 中设置文字对齐
ggplot(animals, aes(x = type, y = flies, label = animal)) +
```

```
geom_tile(fill = "white", colour = "black") +
geom_fit_text(place = "topleft", reflow = TRUE)
```

在实际应用中,统一调整标签位置是常见的需求。代码运行的结果如图 5-35 所示。

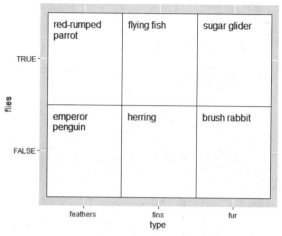

图 5-35 在 ggfittext 中设置文字对齐

在 ggplot2 包绘制柱状图的过程中文本位置与柱子有交错,填充色与字体色之间的色彩对比度弱,导致可视化效果差,需要输入参数调整才能有更好的显示效果,代码如下:

```
#代码 5-37 在柱状图中添加标签
ggplot(altitudes, aes(x = craft, y = altitude, label = altitude)) +
  geom_col() + geom_text()
```

使用 geom_text() 不做特殊处理,标签文字有 50% 是和图形重叠的。代码运行的结果如图 5-36 所示。

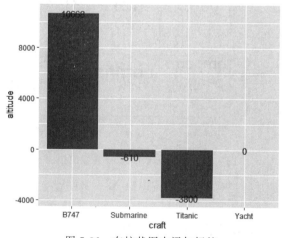

图 5-36 在柱状图中添加标签

图 5-36 中采用 ggplot2 中通常的方式添加标签，标签一般会与图形柱子重叠并且重叠部分都是黑色系颜色，显示效果差。在 ggplot2 中可以通过 vjust 参数调整文字的显示位置，通过 aes 中 colour 参数调整文字颜色，在此不进行介绍。

上述问题可以使用 ggfittext 包中的 geom_bar_text() 替代 geom_text() 来解决，代码如下：

```
#代码 5-38 geom_bar_text 的用法
ggplot(altitudes, aes(x = craft, y = altitude, label = altitude)) +
  geom_col() + geom_bar_text()
```

直接使用 geom_bar_text() 即可对标签进行优化，代码运行的结果如图 5-37 所示。

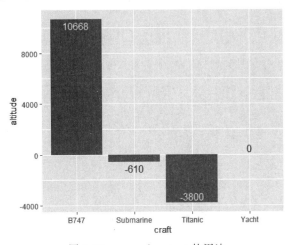

图 5-37　geom_bar_text 的用法

geom_bar_text 调整了文字颜色、文字位置，相对使用 ggplot2 中的方法更加简单。

下例中使用 geom_bar_text() 给堆积柱状图添加标签，其中将对齐方式设置为 position = "stack" 即可堆积显示，代码如下：

```
#代码 5-39 geom_bar_text 设置对齐方式
ggplot(beverages, aes(x = beverage, y = proportion, label = ingredient,
                     fill = ingredient)) +
  geom_col(position = "stack") +
  geom_bar_text(position = "stack", reflow = TRUE, place = 'center')
```

使用 ggplot2 中的 geom_text() 可以增加堆积柱状图标签，geom_bar_text() 可以方便地设置对齐效果，并且可以设置自动换行等效果。代码运行的结果如图 5-38 所示。

在簇状柱状图中如果通过 geom_text() 添加标签，则需要在 position 中设置 position_dodge 参数，但是标签会有遮盖问题，代码如下：

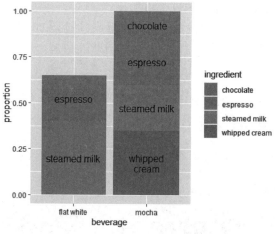

图 5-38 geom_bar_text 设置对齐方式

```
#代码 5-40 geom_text()添加标签
ggplot(beverages, aes(x = beverage, y = proportion, label = ingredient,
                fill = ingredient)) +
  geom_col(position = "dodge") +
  geom_text(position = position_dodge(1))
```

使用 geom_text()添加标签的结果如图 5-39 所示。

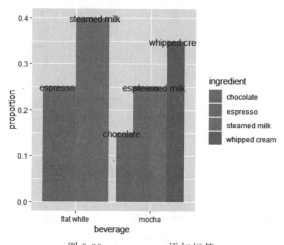

图 5-39 geom_text 添加标签

使用 geom_bar_text()增加标签，设置 reflow=TRUE 后可实现自动换行。geom_bar_text()增加的标签不会重复出现，如序列 espresso 标签在第一簇中出现了，在第二簇中就没有显示，代码如下：

```
#代码 5-41 geom_bar_text 设置参数值 dodge
library(magrittr)
```

```
library(dplyr)
beverages %>% arrange(match(beverage,c("mocha","flat white"))) %>% mutate() %>%
ggplot(aes(x = beverage, y = proportion, label = ingredient,
           fill = ingredient)) +
  geom_col(position = "dodge") +
  geom_bar_text(position = "dodge",reflow = TRUE)
```

上述代码的显示效果如图 5-40 所示。

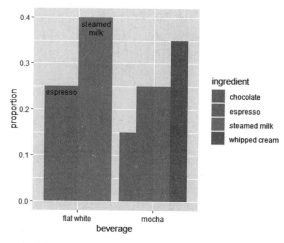

图 5-40 geom_bar_text 设置参数值 dodge

在上面的例子中如果对坐标轴使用 coord_flip() 转置,效果则会更好,代码如下:

```
#代码 5-42 geom_bar_text 与 coor_flip
ggplot(beverages,aes(x = beverage, y = proportion, label = ingredient,
                    fill = ingredient)) +
  geom_col(position = "dodge") +
  geom_bar_text(position = "dodge",reflow = TRUE) +
  coord_flip()
```

在有长文本标签的情况下,建议做转置,阅读效果会更好。堆积柱状图添加标签并做转置后,结果如图 5-41 所示。

下例中使用 geom_fit_text() 配合 geom_rect() 和 coord_polar() 实现极坐标下的弧形文字显示。绘图的步骤为先使用 geom_rect() 绘制矩形图。矩形图参数分别是 4 个角的坐标,通过 x 轴最小值及最大值、y 轴最小值及最大值确定。geom_fit_text() 用于添加文本。scale_fill_gradient() 对矩形填充色基于最小值颜色值和最大值颜色值计算出一组颜色组合,代码如下:

```
#代码 5-43 geom_fit_text 的用法
ggplot(gold, aes(xmin = xmin, xmax = xmax, ymin = ymin, ymax = ymax,
                 fill = linenumber, label = line)) +
  geom_rect() +
```

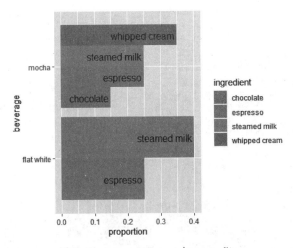

图 5-41　geom_bar_text 与 coor_flip

```
coord_polar() +
geom_fit_text(min.size = 0, grow = TRUE) +
scale_fill_gradient(low = "#fee391", high = "#238443")
```

上述代码用于展示层次结构应该是一个不错的选择,特别是不同级别间序列有交错的场景下。代码运行的结果如图 5-42 所示。

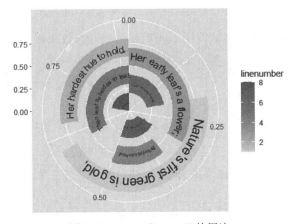

图 5-42　geom_fit_text()的用法

瓦片图中常见填充色和文字颜色值相近,造成标签不清晰。通过观察颜色值和背景色的关系,使用判断函数等对标签文本给予不同的颜色,可以解决该问题,不过略显烦琐。在 geom_fit_text()中设置 contrast = TRUE 即可解决这个问题,代码如下:

```
#代码 5-44 geom_fit_text 设置字体与背景色对比
library(RColorBrewer)
library(ggfittext)
```

```
ggplot(animals, aes(x = type, y = files, fill = mass, label = animal)) +
  geom_tile() +
  geom_fit_text(reflow = TRUE, grow = TRUE, contrast = TRUE)
```

在 geom_fit_text()中设置 contrast = TRUE 使文字颜色和背景色的对比增加了，显示更加清晰。代码运行的结果如图 5-43 所示。

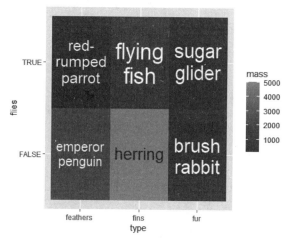

图 5-43 geom_fit_text()设置字体与背景色对比

在 geom_fit_text()中使用 contrast = TRUE 参数让字体颜色与背景色对比更加突出。使用 ggplot2 中的原有方法将相当费劲，需要多次尝试修改参数。

5.9 ggtext 包介绍

ggplot2 中可以使用 labs()、annotation()、geom_text()等添加标题注释等内容，在大多数情况下可以满足运用的需要。当需要在文本中显示多样格式，甚至显示图标或图片时可以使用 ggtext 包中的内容。该包的内容对 geom_text()等做了非常有益的补充，非常值得读者学习。该包文本部分使用 HTML 语法，这个对没有接触过的读者会是一个挑战，当然简单的语法还是比较好理解的。

5.9.1 在 theme()函数中使用 element_markdown()

在下面的例子中首先加载 tidyverse 包，该包集合了管道操作包、dplyr 包等，本例中需要使用其中的多个包，也可以分别加载各自的包。glue 包是胶水函数包，主要将数据框中的内容组合拼接为 HTML 语句，当然使用 paste0()或 paste()等函数也可以实现。使用 tibble()函数新建一个数据框，之后使用 dplyr 包中的 mutate()函数新建列，用于存储二进制颜色值及标签颜色值，使用 fct_reorder()函数对数值进行排序并转换为因子，便于在绘图中按照大小顺序显示。随后的绘图语法大多数和 ggplot2 中的语法类似，在 theme()函数中

调用了 element_markdown() 参数,该参数将前面的文本解析为 HTML,并最终产生效果,代码如下:

```
#代码 5-45 element_markdown()的用法
library(tidyverse)
library(ggtext)
library(glue)

plot_data <- tibble(
  category = c("category_A", "category_B", "category_C", "category_D"),
  sales = c(9, 12, 7, 3),
)

plot_data %>% mutate(
  color = c("#009E73", "#D55E00", "#0072B2", "#000000"),
  label_text = glue("<i style = 'color:{color}'>{category}</i>")
) %>%
  ggplot(aes(x = sales, y = label_text, fill = color)) +
  geom_col(alpha = 0.5) +
  scale_fill_identity() +
  theme(axis.text.y = element_markdown())
```

通过上述代码可将标签颜色、填充颜色调整为对应的同一种颜色,虽然代码稍微烦琐,但是显示结果的友好性得到了提升。代码运行的结果如图 5-44 所示。

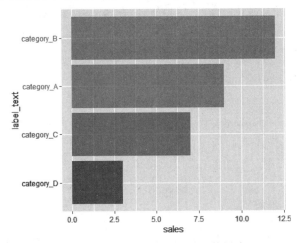

图 5-44　element_markdown()的用法

5.9.2　在 theme()函数中使用 element_textbox()

element_textbox()类似于在 ggplot2 中输入文本框,之后编辑文本框内容,适合在段落文字内部以不同的格式显示。下例中以自带数据集为绘图数据源绘制散点图,之后在图形中添加图标题 title、x 轴及 y 轴标签。标签文字采用 HTML 语法,之后在 theme()函数中使用 element_textbox_simple()函数对上述标签进行设置,代码如下:

```r
#代码 5-46 element_textbox()的用法 1
library(ggplot2)
library(ggtext)
ggplot(mtcars,aes(disp,mpg)) +
  geom_point() +
  labs(
    title = "汽车燃油效率与引擎关系",
    x = "汽车引擎(disp)",
    y = "每加仑千米数(mpg)<br><span style = 'font-size:8pt'>衡量汽车燃油效率的一个指标.</span>"
  ) +
  theme(
    plot.title.position = "plot",
    plot.title = element_textbox_simple(
      size = 13,
      lineheight = 1,
      padding = margin(5.5,5.5,5.5,5.5),
      margin = margin(0,0,0,0),
      fill = "cornsilk"),
    axis.title.x = element_textbox_simple(
      width = NULL,
      padding = margin(4,4,4,4),
      margin = margin(4,0,0,0),
      linetype = 1,
      r = grid::unit(8, "pt"),
      fill = "azure1"),
    axis.title.y = element_textbox_simple(
      hjust = 0,
      orientation = "left-rotated",
      minwidth = unit(1, "in"),
      maxwidth = unit(2,"in"),
      padding = margin(4,4,2,4),
      margin = margin(0,0,2,0),
      fill = "lightsteelblue"))
```

element_textbox_simple 优化了标签的样式,对图表细节比较关注的读者可以学习并掌握此技巧。代码的运行结果如图 5-45 所示。

在下面的例子中 element_blank()将分面标签替换为 element_textbox()并在其中设置标签文本的样式等,其中加载来自 cowplot 包中的 theme_half_open()样式,代码如下:

```r
#代码 5-47 element_textbox()的用法 2
library(cowplot)
library(ggplot2)
library(ggtext)
ggplot(mpg, aes(cty, hwy)) +
  geom_point() +
```

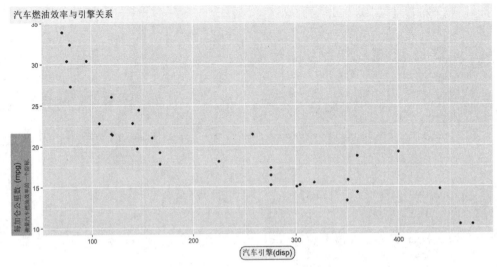

图 5-45　element_textbox()的用法 1

```
facet_wrap(~class) +
theme_half_open(12) +
background_grid() +
theme(
  strip.background = element_blank(),
  strip.text = element_textbox(
    size = 12,
    color = "white", fill = "#5D729D", box.color = "#4A618C",
    halign = 0.5, linetype = 1, r = unit(5, "pt"), width = unit(1, "npc"),
    padding = margin(2, 0, 1, 0), margin = margin(3, 3, 3, 3)
  )
)
```

对于分面标签优化的结果如图 5-46 所示。

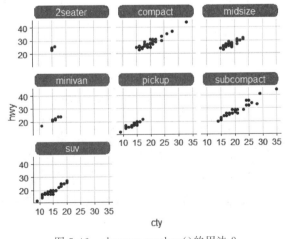

图 5-46　element_textbox()的用法 2

5.10 ggbreak 包介绍

在绘制柱状图或条形图时,当数据间的差异比较大时,较小的数值容易显示不全。解决此问题可以使用对数刻度,或者对数据截断。使用前面学习的方法,即使用 xlim 或 ylim 参数截断数据,分别绘图后拼接在一起。当然也可以使用其他方法绘制多幅图,之后拼接在一起。简便的方式就是使用现成的包,例如 ggbreak。首先使用 ggplot2 绘制默认的柱状图,代码如下:

```
#代码 5-48 geom_col()绘制柱状图
library(ggplot2)
library(magrittr)
plot_data <- data.frame(category = c('a','b','c','d'),
                        sales = c(10,3,1000,1500))

plot_data %>% ggplot(aes(x = category, y = sales)) + geom_col()
```

在默认情况下前两个较小的数值对应的柱子非常低矮,基本无法区分其数值的大小。结果如图 5-47 所示。

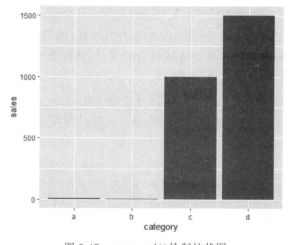

图 5-47 geom_col()绘制柱状图

针对图 5-47 中的不足之处,下例中对 y 轴使用对数刻度 scale_y_log10(),图形显示效果有明显改善,代码如下:

```
#代码 5-49 使用对数刻度 scale_y_log10()
library(ggplot2)
library(magrittr)
```

```
plot_data <- data.frame(category = c('a','b','c','d'),
                        sales = c(10,3,1000,1500))

plot_data %>% ggplot(aes(x = category, y = sales)) + geom_col() +
    scale_y_log10()
```

优化后的图形显示结果如图 5-48 所示。

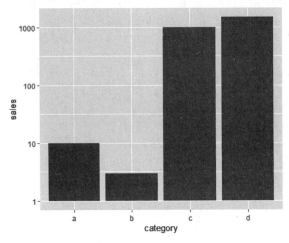

图 5-48 使用对数刻度 scale_y_log10()

图 5-48 能在一定程度上改善序列间差异较大的问题，但是需要给予备注解释信息，因为通常读者在理解柱状图时将 y 轴刻度理解为相同的，这样会夸大序列较小的值。笔者建议首选如下介绍的坐标轴截断方式。

最终使用 ggtext 包的截断功能对图形进行处理。在 scale_y_break() 中通过 c(15,990) 设置极端区域，scales = 'free' 设置为截断的两部分图各自按照不同的刻度大小显示，以便得到最优显示效果，代码如下：

```
#代码 5-50 绘制截断图
library(ggplot2)
library(magrittr)
library(ggbreak)
plot_data <- data.frame(category = c('a','b','c','d'),
                        sales = c(10,3,1000,1500))

plot_data %>% ggplot(aes(x = category, y = sales)) + geom_col() +
    scale_y_break(c(15,990),scales = 'free')
```

图形 y 轴截断后分为两部分，分别采用不用的数据量纲和刻度，并且图形的各部分以白色间隔区别。代码运行的结果如图 5-49 所示。

图 5-49 中可以在 scale_y_break() 中设置参数 space 的值来调整截断空白的高度。其他优化技巧和普通的柱状图没有区别，读者可以尝试对上图进行进一步优化。

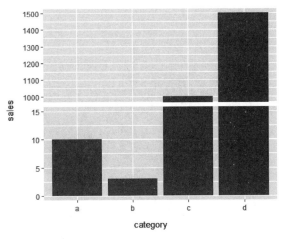

图 5-49　绘制截断图

5.11　ggpointdensity 包介绍

当点图比较密集时，常用的处理遮盖的方式就是分箱或者绘制二维密度图，使用热力颜色表达密度大小值。ggpointdensity 包中 geom_pointdensity() 能够同时绘制点图和密度热力图。在下面的例子中使用了 viridis 包中的 scale_color_viridis() 对颜色进行调整，该包包含非常好的颜色搭配，有兴趣的读者可以进一步研究，代码如下：

```
#代码 5 - 51 点图和密度热力图
library(ggplot2)
library(dplyr)
library(viridis)
## Loading required package: viridisLite
##
## Attaching package: 'viridis'
## The following object is masked from 'package:scales'
##
## viridis_pal
library(ggpointdensity)

dat <- bind_rows(
  tibble(x = rnorm(7000, sd = 1),
         y = rnorm(7000, sd = 10),
         group = "foo"),
  tibble(x = rnorm(3000, mean = 1, sd = .5),
         y = rnorm(3000, mean = 7, sd = 5),
         group = "bar"))

ggplot(data = dat, mapping = aes(x = x, y = y)) +
  geom_pointdensity() +
  scale_color_viridis()
```

代码运行的结果如图 5-50 所示。

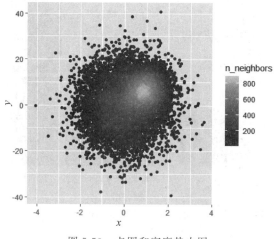

图 5-50　点图和密度热力图

在 geom_pointdensity() 函数中可以使用 adjust 参数对二维密度图中的颜色聚类点数的大小进行调整,类似于在 geom_smooth() 中可以调整线条的平滑程度,值越小聚类越细腻。首先使用参数值 0.01,代码如下：

```
#代码 5-52 参数 adjust 的使用(1)
library(ggplot2)
library(dplyr)
library(viridis)
library(ggpointdensity)

dat <- bind_rows(
  tibble(x = rnorm(7000, sd = 1),
         y = rnorm(7000, sd = 10),
         group = "foo"),
  tibble(x = rnorm(3000, mean = 1, sd = .5),
         y = rnorm(3000, mean = 7, sd = 5),
         group = "bar"))

ggplot(data = dat, mapping = aes(x = x, y = y)) +
  geom_pointdensity(adjust = .01) +
  scale_color_viridis()
```

调整后的图形如图 5-51 所示。

之后使用参数值 0.8,读者可以对比其中的明显差异：高亮黄色区域增加了,代码如下：

```
#代码 5-53 参数 adjust 的使用(2)
library(ggplot2)
library(dplyr)
library(viridis)
```

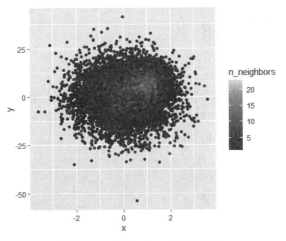

图 5-51　参数 adjust 的使用(1)

```
library(ggpointdensity)

dat <- bind_rows(
  tibble(x = rnorm(7000, sd = 1),
         y = rnorm(7000, sd = 10),
         group = "foo"),
  tibble(x = rnorm(3000, mean = 1, sd = .5),
         y = rnorm(3000, mean = 7, sd = 5),
         group = "bar"))

ggplot(data = dat, mapping = aes(x = x, y = y)) +
  geom_pointdensity(adjust = .8) +
  scale_color_viridis()
```

调整后的图形如图 5-52 所示。

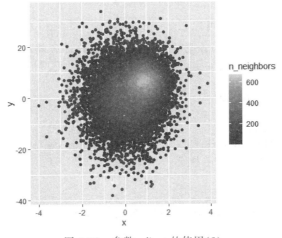

图 5-52　参数 adjust 的使用(2)

5.12　ggridges 包介绍

ggridges 包中的 geom_density_ridges()可以绘制峰峦图。峰峦图其实就是多系列密度图在 y 轴给予一个错位量,将不同序列错位显示。与 ggplot2 中通过颜色映射等区别不同序列密度图相比较,峰峦图更加清晰。与 ggplot2 中通过分面显示不同序列密度图的效果相似,但峰峦图更加紧凑、节省 y 轴空间,代码如下:

```
#代码 5-54 基础峰峦图
library(ggplot2)
library(ggridges)
ggplot(iris, aes(x = Sepal.Length, y = Species)) + geom_density_ridges()
```

代码运行的结果如图 5-53 所示。

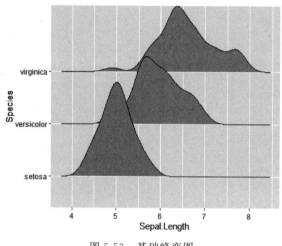

图 5-53　基础峰峦图

图 5-53 中各序列间有重叠,可以在 geom_density_ridges()中设置 scale 参数值的大小给予改变:值越大,序列间重叠部分就越大,值越小,重叠部分就越小。下面将 scale 参数设置为 1,序列间将无重叠,代码如下:

```
#代码 5-55 scale 参数的使用(1)
library(ggplot2)
library(ggridges)
ggplot(iris, aes(x = Sepal.Length, y = Species)) + geom_density_ridges(scale = 1)
##Picking joint bandwidth of 0.181
```

代码运行结果如图 5-54 所示。

下例中将 scale 参数增大,整个图形中序列重叠部分将增加,代码如下:

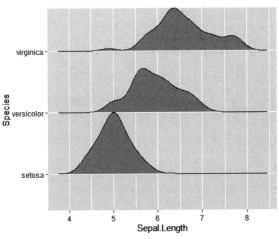

图 5-54　scale 参数的使用(1)

```
#代码 5-56 scale 参数的使用(2)
library(ggplot2)
library(ggridges)
ggplot(iris, aes(x = Sepal.Length, y = Species)) + geom_density_ridges(scale = 2)
## Picking joint bandwidth of 0.181
```

调整 scale 参数后,代码运行的结果如图 5-55 所示。

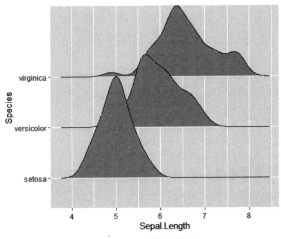

图 5-55　scale 参数的使用(2)

下例使用包自带的数据集 lincoln_weather 为数据源,将颜色映射到密度,即密度大小通过颜色给予区别。stat(x)对 x 做统计计算,并赋值给填充参数 fill,之后使用 geom_density_ridges_gradient()将颜色映射给密度,代码如下:

```
#代码 5-57 geom_density_ridges_gradient()的使用
library(ggplot2)
```

```
library(ggridges)
library(viridis)
ggplot(lincoln_weather, aes(x = `Mean Temperature [F]`, y = Month, fill = stat(x))) +
  geom_density_ridges_gradient(scale = 3, rel_min_height = 0.01) +
  scale_fill_viridis_c(name = "温度", option = "C") +
  labs(title = '2022年每月温度',x="温度",y="月份")
## Picking joint bandwidth of 3.37
```

代码运行的结果如图 5-56 所示。

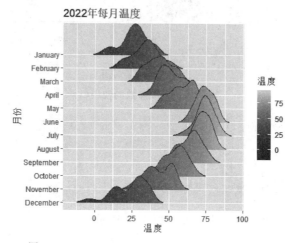

图 5-56 geom_density_ridges_gradient()的使用

在 stat_density_ridges()中可以使用 quantile_lines 添加分位数竖线，读者可以结合 quantile()函数理解，代码如下：

```
#代码 5-58 添加分位数竖线
library(ggplot2)
library(ggridges)
ggplot(iris, aes(x = Sepal.Length, y = Species)) +
  stat_density_ridges(quantile_lines = TRUE)
## Picking joint bandwidth of 0.181
```

代码运行的结果如图 5-57 所示。

上例中显示 3 根分位数竖线，也可以控制只显示其中某条分位数竖线。如下例中显示第 2 根分位数竖线，使用参数 quantiles = 2 即可，代码如下：

```
#代码 5-59 添加多条分位数竖线
library(ggplot2)
library(ggridges)
ggplot(iris, aes(x = Sepal.Length, y = Species)) +
  stat_density_ridges(quantile_lines = TRUE, quantiles = 2)
## Picking joint bandwidth of 0.181
```

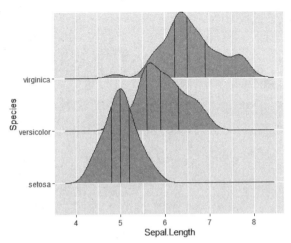

图 5-57　添加分位数竖线

使用参数 quantiles = 2 后运行代码,结果如图 5-58 所示。

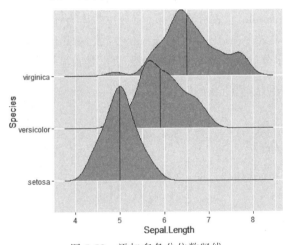

图 5-58　添加多条分位数竖线

quantiles 参数也可以输入向量,在向量中确定具体的分位数数值点。

如下例中显示 0.025 及 0.975 分位点,为了防止序列间遮盖,将填充的透明度使用 alpha 参数调整为 0.7,代码如下:

```
#代码 5-60 添加指定分位数的分位数竖线
library(ggplot2)
library(ggridges)
ggplot(iris, aes(x = Sepal.Length, y = Species)) +
    stat_density_ridges(quantile_lines = TRUE, quantiles = c(0.025, 0.975), alpha = 0.7)
## Picking joint bandwidth of 0.181
```

将 alpha 参数设置为 0.7,调整填充的透明度,改善序列间的遮盖问题,代码运行的结果如图 5-59 所示。

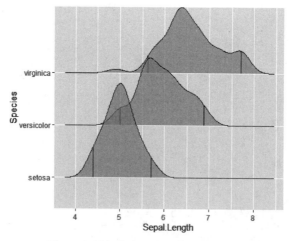

图 5-59　添加指定分位数的分位数竖线

上面用竖线标明了分位数,下面将不同分位区域填充为不同颜色。首先,在 aes()中确定 fill 参数为 factor(stat(quantile)),表示使用 stat 将分位数作为计算输入参数,factor()将其计算结果转换为因子。stat_density_ridges()中的 geom 参数表示几何对象,calc_ecdf 表示是否计算累计分布,quantiles 表示分位数个数,quantile_lines 表示是否显示分位数竖线,代码如下:

```
#代码 5-61 按照分位区域填充颜色
library(ggplot2)
library(ggridges)
ggplot(iris, aes(x = Sepal.Length, y = Species, fill = factor(stat(quantile)))) +
  stat_density_ridges(
    geom = "density_ridges_gradient", calc_ecdf = TRUE,
    quantiles = 4, quantile_lines = TRUE
  ) +
  scale_fill_viridis_d(name = "分位数")
##Picking joint bandwidth of 0.181
```

代码运行的结果如图 5-60 所示。

ggridges 包中还有 scale_fill_cyclical()可以将输入的颜色循环填充到序列。下例中使用自带的数据集 diamonds 绘制峰峦密度图,scale_fill_cyclical()将'blue'和'green'两种颜色循环作为填充色间隔轮换填充到每个序列,代码如下:

```
#代码 5-62 使用 scale_fill_cyclical()
library(ggplot2)
library(ggridges)
ggplot(diamonds, aes(x = price, y = cut, fill = cut)) +
  geom_density_ridges(scale = 4, size = 1) +
  scale_fill_cyclical(
    name = "颜色",
    values = c("blue", "green"), guide = "legend")
##Picking joint bandwidth of 458
```

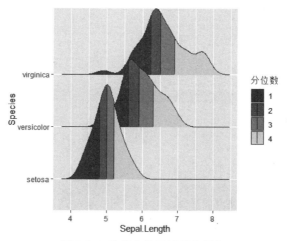

图 5-60　按照分位区域填充颜色

代码运行的结果如图 5-61 所示。

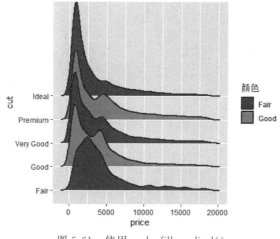

图 5-61　使用 scale_fill_cyclical()

5.13　ggmosaic 包介绍

ggmosaic 包可以绘制马赛克图,也就是不等宽柱状图。ggplot2 中通过 geom_segment() 函数也可以绘制马赛克图,不过首先需要构建数据源,通过 ggmosaic 包绘制则不需要。下面以泰坦尼克号(titanic)数据集为绘图数据,该数据集反映了在不同等级船舱、不同性别、成人或小孩最终是否存活的情况。product 参数中可以输入多个变量参数,以便反映这几个参数的交互情况,代码如下:

```
#代码 5-63 马赛克图
library(ggplot2)
```

```
library(ggmosaic)

ggplot(data = titanic) +
  geom_mosaic(aes(x = product(Class), fill = Survived)) +
  theme_mosaic()
## Warning: `unite_()` was deprecated in tidyr 1.2.0
## Please use `unite()` instead
## This warning is displayed once every 8 hours
## Call `lifecycle::last_lifecycle_warnings()` to see where this warning was generated
```

代码运行的结果如图 5-62 所示。

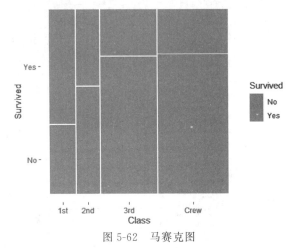

图 5-62 马赛克图

如果希望添加标签,则可以使用 geom_mosaic_text()实现,不过添加的标签其实就是将 x 轴和 y 轴标签合并显示,似乎会让图表变得凌乱。5.14 节将介绍的 ggcharts 包对某些 ggplot2 运用场景进行了简化封装,如棒棒糖图、哑铃图、分面条形图、金字塔图等。

5.14 ggcharts 包介绍

5.14.1 ggcharts 包对分面优化

下面是传统的 ggplot2 绘制分面条形图的数据准备过程:使用 filter 筛选出 3 年数据,按照 year 变量分组,使用 top_n()函数提取每组收入前 10 的数据,tidytext::reorder_within 对 company 变量排序以便图形按照从大到小的顺序显示,代码如下:

```
#代码 5-64 ggplot2 分面图
library(dplyr)
library(ggplot2)
library(ggcharts)
data("biomedicalrevenue")

biomedicalrevenue %>%
```

```
filter(year %in% c(2012, 2015, 2018)) %>%
group_by(year) %>%
top_n(10, revenue) %>%
ungroup() %>%
mutate(company = tidytext::reorder_within(company, revenue, year)) %>%
ggplot(aes(company, revenue)) +
geom_col() +
coord_flip() +
tidytext::scale_x_reordered() +
facet_wrap(vars(year), scales = "free_y")
```

使用 ggplot2 中的分面技术,结果如图 5-63 所示。

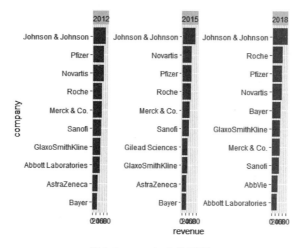

图 5-63　ggplot2 分面图

下面使用 ggcharts 包实现上例中的效果,大部分内容在 bar_chart 中实现,如 facet = year 实现按年分面,top_n = 10 表示显示前 10 的数据,与图 5-63 比较相当简约。唯一需要读者留意的是 x、y 还是按照 ggplot2 中的输入顺序来输入,这个有点让初次学习的读者感到疑惑,代码如下:

```
#代码 5-65 bar_chart 分面图
library(ggplot2)
library(ggcharts)
biomedicalrevenue %>%
  filter(year %in% c(2012, 2015, 2018)) %>%
  bar_chart(x = company, y = revenue, facet = year, top_n = 10)
```

使用 ggcharts 中的 bar_chart 效果比 ggplot2 的效果改善明显,本身由于排盘等截图效果不是太好,读者可以自行运行代码查看结果。代码运行的结果如图 5-64 所示。

图 5-64 由于导出后有些变形,看起来不理想,但在实际 R 环境下还是比较美观的。使用 bar_chart 的优点是可以省略坐标轴旋转等语句,并且可以筛选显示每组的 Top 值范围;缺点是语法上和 ggplot2 中的分面有所区别。

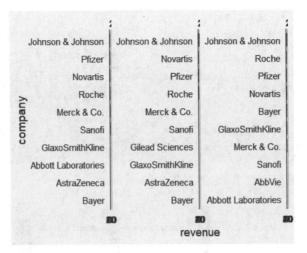

图 5-64 bar_chart 分面图

5.14.2 棒棒糖图

ggcharts 包中 lollipop_chart 可以直接绘制棒棒糖图。相比 ggplot2 中需要 geom_point() 和 geom_segment() 组合绘制棒棒糖图，lollipop_chart() 简单许多。下例中展示不同公司收入金额的大小，x 轴是公司名称，y 轴是收入值大小，threshold 用于对收入值设定门槛筛选值。当然这里和上例一样，ggcharts 坐标默认做了转置，类似于 coord_flip()，因此 x、y 输入是按照转置前的输入方式。scale_y_continuous() 中对标签做了自定义样式，expand 对坐标轴的最大值和最小值做了调整：从 0 点开始，最大值放大 0.05，即 5%，代码如下：

```
#代码 5-66 棒棒糖图
library(ggplot2)
library(ggcharts)
biomedicalrevenue %>%
  filter(year == 2018) %>%
  lollipop_chart(x = company, y = revenue, threshold = 30) +
  labs(
    x = NULL,
    y = "Revenue",
    title = "Biomedical Companies with Revenue > $ 30Bn."
  ) +
  scale_y_continuous(
    labels = function(x) paste0(" $ ", x, "Bn."),
    expand = expansion(mult = c(0, 0.05))
  )
## Scale for 'y' is already present. Adding another scale for 'y', which will replace the
## existing scale
```

代码运行的结果如图 5-65 所示。

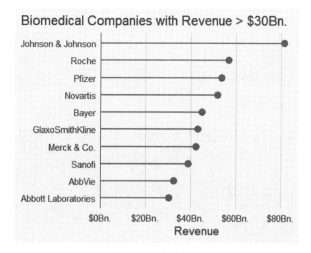

图 5-65　棒棒糖图

图 5-65 中通过 scale_y_continuous 对 x 轴格式做了设置：labels 后面使用了公式 expand = expansion(mult = c(0, 0.05))将 x 轴调整为从 0 开始并将最大值放大 5%。

5.14.3　哑铃图

使用 ggcharts 包中的 dumbbell_chart 可以绘制哑铃图。若要比较多序列 2 期数据的变化，则该图比其他图形更加简洁。下例中使用 dumbbell_chart()描绘了欧洲 1952 年与 2007 年人口的变化情况，通过 data 参数输入绘图数据集，x 轴输入国家，y1 和 y2 输入对比的两年的人数，top_n 用于筛选数据中的前 10，point_colors 对两个数据序列给予不同的颜色，代码如下：

```
#代码 5-67 哑铃图
library(ggplot2)
library(ggcharts)
data("popeurope")
dumbbell_chart(
  data = popeurope,
  x = country,
  y1 = pop1952,
  y2 = pop2007,
  top_n = 10,
  point_colors = c("lightgray", "#494F5C")
) +
  labs(
    x = NULL,
    y = "Population",
```

```
    title = "Europe's Largest Countries by Population in 2007"
) +
scale_y_continuous(
    limits = c(0, NA),
    labels = function(x) paste(x, "Mn.")
)
```

代码运行的结果如图 5-66 所示。

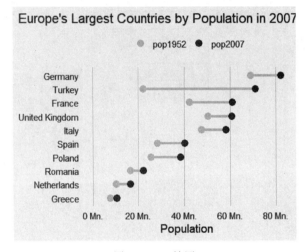

图 5-66　哑铃图

哑铃图使用 ggplot2 基础的绘图方式也可以实现，也就是使用 geom_point()结合 geome_segment()。基础绘图代码量会多些，但是语法统一，通过与颜色等其他图形属性结合，表现能力非常丰富。

5.14.4　正负值条形图

在 ggplot2 中绘制条形图时 y 轴标签均在左侧，当数值有正负数时坐标文本标签与柱子会重叠。diverging_bar_chart()将正负数对应的标签错位显示，解决了上述遮盖问题。下例中使用 mtcars 数据集，先将 mtcars 数据集中行名称赋值给 model 变量，将变量 hp 使用函数 scale()标准化，最后得到新的数据集 mtcars_z。在 diverging_bar_chart()中分别输入数据集 mtcars_z、x 及 y 对应的变量即可，代码如下：

```
# 代码 5-68 正负值条形图
data(mtcars)
library(ggcharts)
mtcars_z <- dplyr::transmute(
    .data = mtcars,
    model = row.names(mtcars),
```

```
    hpz = scale(hp)
)

diverging_bar_chart(data = mtcars_z, x = model, y = hpz)
```

代码运行的结果如图 5-67 所示。

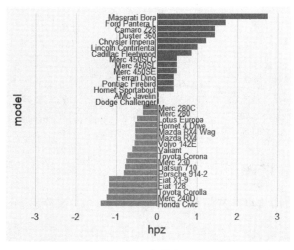

图 5-67　正负值条形图

图 5-67 优化了正负值条形图标签遮盖的问题，使用基础包中的 geome_text()结合计算位置点也可以对标签位置进行优化，有兴趣的读者可以自行尝试。

5.14.5　正负值棒棒糖图

除正负值条形图，ggcharts 包中的 diverging_lollipop_chart 可以绘制正负值棒棒糖图。仍使用上例中的 mtcars_z 数据集，diverging_lollipop_chart 的用法与 diverging_bar_chart 类似，lollipop_colors 用于设定棒棒糖图形颜色，text_color 用于设定标签颜色，代码如下：

```
#代码 5-69 正负值棒棒糖图
library(ggcharts)
diverging_lollipop_chart(
    data = mtcars_z,
    x = model,
    y = hpz,
    lollipop_colors = c("#006400","#b32134"),
    text_color = c("#006400","#b32134")
)
```

代码运行的结果如图 5-68 所示。

类似正负值条形图，正负值棒棒糖图标签也可以通过 geome_text()计算位置点做部分模拟，请读者思考具体的代码。

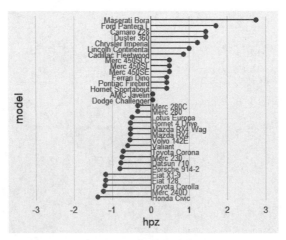

图 5-68 正负值棒棒糖图

5.14.6 金字塔图

pyramid_chart 的用法也非常简单，分别是数据集、x、y 及分组 group 参数，代码如下：

```
#代码 5-70 金字塔图
library(ggcharts)
data("popch")
pyramid_chart(data = popch, x = age, y = pop, group = sex)
## Warning: `expand_scale()` is deprecated; use `expansion()` instead

## Warning: `expand_scale()` is deprecated; use `expansion()` instead

## Warning: `expand_scale()` is deprecated; use `expansion()` instead

## Warning: `expand_scale()` is deprecated; use `expansion()` instead
```

代码运行的结果如图 5-69 所示。

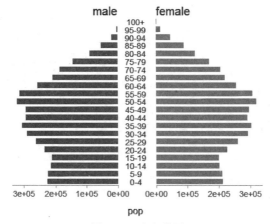

图 5-69 金字塔图

图 5-69 金字塔图表现两组数据的对比关系比较直观,唯一不足是比较的精确度不易观察出来,特别是两组数据差异不大的情况下。

5.15　patchwork 包介绍

对于需要一页多图的情况,首选的解决方案是通过原始数据计算,分组或离散化之后以分面的形式来完成,也就是使用前面 ggplot2 绘图包中的 facet_grid() 或 facet_wrap()。分面快捷、简单,但是当需要对个性化图表进行拼接时就不太适合了,如想对散点图、条形图进行拼接,或者对某个子图占有空间进行灵活调整。patchwork 包最大的特点是代码简洁明了,使用加号、除号来表示横向及竖向拼接,通过 plot_layout() 函数具体设置子图的位置等。下面先绘制散点图 p1 及箱线图 p2,通过加号直接水平拼接在一起,代码如下:

```
#代码 5-71 横向拼图
library(ggplot2)
library(patchwork)
p1 <- ggplot(mtcars) + geom_point(aes(mpg, disp))
p2 <- ggplot(mtcars) + geom_boxplot(aes(gear, disp, group = gear))

p1 + p2
```

将散点图和箱线图横向拼接后的结果如图 5-70 所示。

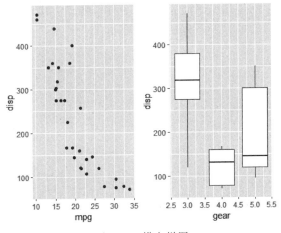

图 5-70　横向拼图

上面的加号也可以使用"|"替换。接下来将图 p1 和 p2 竖向拼接在一起,方法也特别简单,使用除号连接两个图形对象即可,代码如下:

```
#代码 5-72 竖向拼图
library(ggplot2)
library(patchwork)
```

```
p1 <- ggplot(mtcars) + geom_point(aes(mpg, disp))
p2 <- ggplot(mtcars) + geom_boxplot(aes(gear, disp, group = gear))

p1/p2
```

竖向拼图的结果如图 5-71 所示。

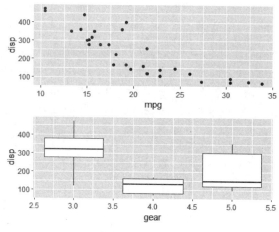

图 5-71　竖向拼图

更复杂的拼图可以结合分组实现，patchwork 包中使用小括号将括号内的内容视作一组，类似于一个图形对象的使用。下面先绘制 4 幅图，将其中的 1～3 幅图水平拼接，之后与第 4 幅图垂直拼接，代码如下：

```
#代码 5-73 复杂拼图
library(ggplot2)
library(patchwork)
p1 <- ggplot(mtcars) + geom_point(aes(mpg, disp))
p2 <- ggplot(mtcars) + geom_boxplot(aes(gear, disp, group = gear))
p3 <- ggplot(mtcars) + geom_bar(aes(gear)) + facet_wrap(~cyl)
p4 <- ggplot(mtcars) + geom_bar(aes(carb))
(p1 | p2 | p3) /
      p4
```

复杂拼图的结果如图 5-72 所示。

上面使用加号和除号拼接图形，也可以在使用加号之后通过 plot_layout() 中的 design 参数的设置来控制图形的位置，代码如下：

```
#代码 5-74 plot_layout 设置拼图
library(ggplot2)
library(patchwork)
p1 <- ggplot(mtcars) + geom_point(aes(mpg, disp))
p2 <- ggplot(mtcars) + geom_boxplot(aes(gear, disp, group = gear))
```

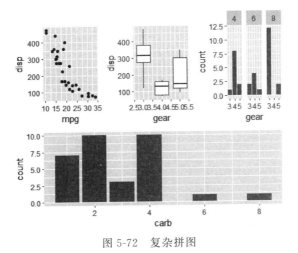

图 5-72 复杂拼图

```
p3 <- ggplot(mtcars) + geom_bar(aes(gear)) + facet_wrap(~cyl)
p4 <- ggplot(mtcars) + geom_bar(aes(carb))
layout <- '123
           444'
p1 + p2 + p3 + p4 + plot_layout(design = layout)
```

使用 plot_layout() 实现复杂拼图的结果如图 5-73 所示。

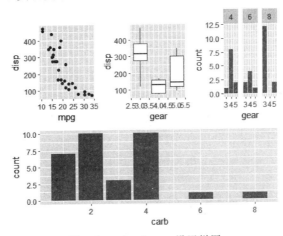

图 5-73 plot_layout 设置拼图

上例中 plot_layout(design=layout) 的 design 参数值为自定义的输入值 layout,1234 分别代表待拼接的图形 p1～p4,其中 123 在第 1 行,表示 p1～p3 水平横向依次排在一起, 444 代表 p4 在第 2 行且占满全行。这输入方式非常直观,也非常符合人类的直观理解。当 然如果想更加专业,则可以将输入值都放到一行里,即用'123\n444'替代。在 plot_layout() 中可以通过 ncol 参数设定列数,通过 nrow 参数设定行数。接下来介绍插入式拼图,结果类 似于现在许多 App 在主页上可以增加一个小浮窗来呈现不同的内容或者类似于熟悉的中

国地图在右下角会增加一个子图以展示南海地区。在 patchwork 包中使用 inset_element()
函数实现此功能,代码如下:

```
#代码 5-75 子母图
library(ggplot2)
library(patchwork)
p1 <- ggplot(mtcars) + geom_point(aes(mpg, disp))
p2 <- ggplot(mtcars) + geom_boxplot(aes(gear, disp, group = gear))
p1 + inset_element(p2,left = 0.5,bottom = 0.5,right = 1,top = 1)
```

代码运行的结果如图 5-74 所示。

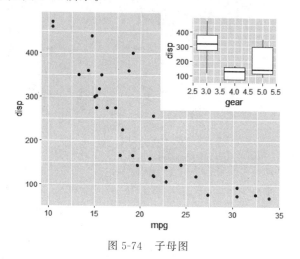

图 5-74 子母图

上面的方法可以归纳为主图+inset_element(子图,子图左边缘位置,子图下边缘位置,子图右边缘位置、子图上边缘位置)。边缘位置采用的是相对于主图的相对值,即 0 代表主图左下角的位置,1 代表主图右上角的位置,本例中的值代表子图左下角从主图的中间位置开始,在主图的最右上角结束。可以直观类比理解 Windows 系统中许多软件的操作:将子图左下角放到中间点,之后拖动右上角将其放大到窗口右上角。

5.16 绘图相关的其他包介绍

前面介绍的 ggplot2 系列包绘制的图形属于静态图形,随着互联网上各种动态网页的发展,动态可视化库不断涌现。D3.js 就是现在非常流行的可视化库,可以绘制各种动态网页图形,如果读者有这方面的基础,则可以直接在 rmarkdown 中调用 D3.js。对于没有 JavaScript 及 D3.js 库知识的 R 语言使用者来讲,networkD3 包是一个不错的选择。R 语言中 networkD3 包基于 D3.js 库构建,虽然不可能涵盖 D3 库的所有内容,但可以通过它在 R 环境下绘制动态的网络图、树图、谱系图、桑基图等。下面介绍 radialNetwork 图形,使用基础包 datasets 中的 USArrests 为原始数据绘图,该数据反映了美国各州特定犯罪指标情况。

首先使用 dist()函数将数据间的距离计算出来,之后使用 hclust()函数对数据进行聚类。as.radialNetwork()函数对聚类结果格式进行转换,最终将数据传递给 radialNetwork()函数,详细用法见下面的例子,代码如下:

```
#代码 5-76 放射状网络图
library(networkD3)
find("USArrests")
hc <- hclust(dist(USArrests), "ave")
radialNetwork(as.radialNetwork(hc))
```

代码运行的结果如图 5-75 所示。

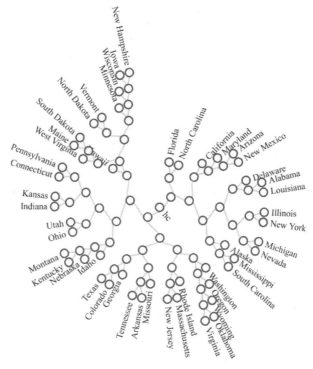

图 5-75 放射状网络图

chordNetwork()函数用于绘制弦图,dendroNetwork()函数用于绘制谱系图,diagonalNetwork()函数用于绘制水平谱系图,sankeyNetwork()函数用于绘制桑基图。前面几种类型图相对简单,但实用性不是特别强,下面介绍桑基图的绘制,详细用法见下面的例子,代码如下:

```
#代码 5-77 基础桑基图
library(networkD3)
library(tidyverse,quietly = TRUE)
source <- c("电视","欧洲","欧洲","欧洲","欧洲","电视","美国","美国","美国","美国","计算机","计算机","计算机")
```

```
target <- c("欧洲","德国","法国","英国","意大利","美国","加州","纽约","佛罗里达","其他
州","德国","美国","法国")
value <- c(100,52,32,11,5,230,120,43,46,21,56,32,67)
sankey_data <- data.frame(source,target,value)
node <- data.frame(name = c(sankey_data $ source,sankey_data $ target)) %>% unique()
sankey_data $ sourceID <- match(sankey_data $ source,node $ name) - 1
sankey_data $ targetID <- match(sankey_data $ target,node $ name) - 1
sankeyNetwork(Links = sankey_data,Source = 'sourceID',
              Target = 'targetID',Nodes = node,
              NodeID = 'name',LinkGroup = 'source',Value = 'value',fontSize = 12)
```

构建数据源及节点等图形所需参数。代码运行的结果如图5-76所示。

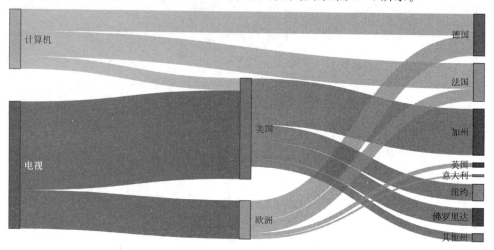

图5-76 基础桑基图

首先准备数据源，图5-76中首先生成source、target、value 3个向量，之后生成数据框sankey_data，也可以从外部导入。该数据源代表电视、计算机各地域销售结构情况，数据是一个混合结构的。第1行是电视在欧洲的销售值，2~4行是电视在欧洲各个国家的销售情况，逻辑上2~4行数据是第1行的下一层级数据，但是这里都放到了一起。电视在美国的销售数据结构与此类似，首先是电视在美国的总销售情况，接下来是电视在美国各州的销售情况。绘制桑基图的重要基础就是构建数据结构，本例中省略了这个步骤，实际遇到的数据结构不会这样，需要读者自行处理。sankey_data详细数据结构参考下面的例子，代码如下：

```
#代码 5-78 桑基图数据源
library(networkD3)
library(tidyverse,quietly = TRUE)
source <- c("电视","欧洲","欧洲","欧洲","欧洲","电视","美国","美国","美国","美国","计
算机","计算机","计算机")
target <- c("欧洲","德国","法国","英国","意大利","美国","加州","纽约","佛罗里达","其他
州","德国","美国","法国")
value <- c(100,52,32,11,5,230,120,43,46,21,56,32,67)
(sankey_data <- data.frame(source,target,value))
```

随后通过 sankey_data 将其中的起点 source 和终点 target 文字提取出来，unique()函数去除重复项，生成数据框 node 作为桑基图的节点标签。在数据框 sankey_data 中添加 sourceID、targetID，这两个变量分别以 source、target 在数据框 node 中的顺序号减 1 得到，相当于 sankey_data 与 node 连接在一起。最终调用 sankeyNetwork()函数绘制桑基图。

桑基图可以进一步美化，colourScale 用于设置填充颜色，nodeWidth 用于设置节点柱子的宽度，nodePadding 用于设置节点柱子间空白区域的大小，详细用法见下面的例子，代码如下：

```
#代码 5-79 桑基图格式调整
library(networkD3)
library(tidyverse,quietly = TRUE)
source <- c("电视","欧洲","欧洲","欧洲","欧洲","电视","美国","美国","美国","美国","计算机","计算机","计算机")
target <- c("欧洲","德国","法国","英国","意大利","美国","加州","纽约","佛罗里达","其他州","德国","美国","法国")
value <- c(100,52,32,11,5,230,120,43,46,21,56,32,67)
sankey_data <- data.frame(source,target,value)
node <- data.frame(name = c(sankey_data $ source,sankey_data $ target)) %>% unique()
sankey_data $ sourceID <- match(sankey_data $ source,node $ name) - 1
sankey_data $ targetID <- match(sankey_data $ target,node $ name) - 1
sankeyNetwork(Links = sankey_data,Source = 'sourceID',
              Target = 'targetID',Nodes = node,
              NodeID = 'name',LinkGroup = 'source',Value = 'value',fontSize = 16,
              colourScale = JS("d3.scaleOrdinal(d3.schemeCategory20);"),
              nodeWidth = 40,
              nodePadding = 15)
```

优化后的桑基图如图 5-77 所示。

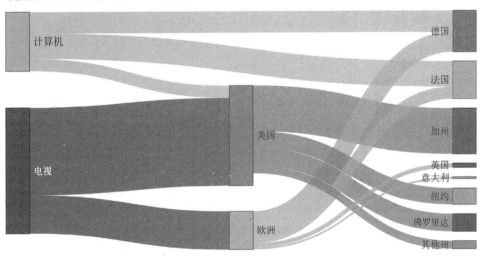

图 5-77 桑基图格式调整

第 6 章 数据可视化分析示例

数据可视化分析是目前非常流行的分析方式，是数据挖掘方式的重要一环。数据可视化可以减少沟通时间，降低分析报告使用者接受信息的压力。以可视化方式展示信息也更加贴近人天生对事物理解的方式。可视化分析在各个专业领域（如医学、地理信息、统计学等）都有广泛的运用，在企业财务分析、经营分析、商业分析等领域也运用广泛。

R 语言是强大的统计计算、可视化分析平台，虽然现在国内主要局限于医学统计等领域，但在其他分析场景也具有非常值得推广的意义。笔者长期从事财务分析、经营分析、数据科学等，在掌握 R 语言的一些技能后分析的自由度及质量得到了质的提升。

本章节的例子涉及企业数据分析中切实可以使用的方法，以可视化的方式呈现，当然实际完整的分析一定要结合具体场景并与定性及定量分析相结合。前面读者已经学习了数据处理技术、可视化技术等内容，因此本章会综合使用这些技术，其中绘图等会更精细，代码量稍显多些。

6.1 销售数据分析

数据源是某家公司一段期间每日不同品类 category 在不同地区 region 的销售量 quantity 和销售额 sales。字段中没有顾客信息，但是假设 1 条记录是一名顾客消费的记录，其中的金额可以称为客单价。显然这里的客单价和销量高度相关，在实际场景中不一定这样，顾客购买的商品应该是一个组合，因此客单价除了和数量有关系外，和顾客购买的商品组合也有关系。

6.1.1 日均销售研究

首先，研究该公司的整体客单价情况。可以使用 summary() 函数来了解整体客单价、销量概况，summary() 返回数量、销售额的最大值、第 1 个分位数、中位数、平均值、最大值，内容类似于箱线图展示的内容。例子中的结果比较简单就不做可视化处理了，代码如下：

```
#代码6-1 summary()了解数据结构
library(ggplot2)
library(readr)
library(magrittr)
data1 <- read_csv('D://Per//MB//bookfile//Mbook//data//salesdata.csv')
## Rows: 4425 Columns: 5
## Column specification
## Delimiter: ","
## chr (3): date, category, region
## dbl (2): quantity, sales
##
## i Use `spec()` to retrieve the full column specification for this data
## i Specify the column types or set `show_col_types = FALSE` to quiet this message
#首先,可以使用summary()函数来了解各个整体客单价及销售额概况
summary(data1[,4:5])
##   quantity            sales
## Min.   :  1.000   Min.   :    26.3
## 1st Qu.:  1.000   1st Qu.:   465.0
## Median :  3.000   Median :  1099.1
## Mean   :  7.001   Mean   :  3833.9
## 3rd Qu.:  7.000   3rd Qu.:  3063.0
## Max.   :215.000   Max.   :163672.2
```

接下来研究该公司的整体品类及地区客单价。通过箱线图来查看各个品类、各个地区的日均客单价情况,这里使用patchwork包将两个图形垂直拼接。reorder(category,sales,fun='median')将category按照日均的平均值做一个排序,方便图形展示,同时通过ylim(0,10000)将数据聚焦在10000元以内的交易,详细用法见下面的例子,代码如下:

```
#代码6-2 客单价箱线图
library(ggplot2)
library(readr)
library(magrittr)
library(patchwork)
data1 <- read_csv('D://Per//MB//bookfile//Mbook//data//salesdata.csv')
## Rows: 4425 Columns: 5
## Column specification
## Delimiter: ","
## chr (3): date, category, region
## dbl (2): quantity, sales
##
## i Use `spec()` to retrieve the full column specification for this data
## i Specify the column types or set `show_col_types = FALSE` to quiet this message
p1 <- data1 %>% ggplot(aes(x = reorder(category, sales, fun = 'median'), y = sales)) + geom_
boxplot(fill = 'lightblue') +
   ylim(0,10000) + labs(title = '各品类category每日销售客单价箱线图', x = '品类', y = '客单价') +
theme_classic()
p2 <- data1 %>% ggplot(aes(x = reorder(region, sales, fun = 'median'), y = sales)) + geom_
boxplot(fill = 'lightblue') +
```

```
ylim(0,10000) + labs(title = '各地区 region 每日销售客单价箱线图',x = '地区',y = '客单价',
                    caption = paste0('数据期间:',range(data1 $ date)[1],'至',range(data1
$ date)[2])) + theme_classic()
p1/p2
```

代码运行的结果如图 6-1 所示。

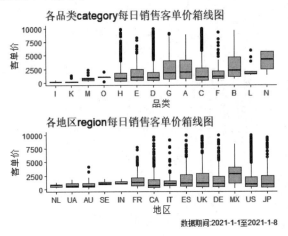

图 6-1 客单价箱线图

从图 6-1 可以看出品类 N 的每日销售客单价的中位数是比较高的,MX 地区的每日销售客单价的中位数最高。当然这个是从类似均价的方式来看的,但是不能确定各个地区或品类对整体的贡献,这个类似于某上市公司的股票价格非常高,但是不能判断其市值也非常高,从上面的信息可以得出,N 品类、MX 地区单日客单价中位数大,如果没有数据异常或特别的促销活动,则可以结合实际业务场景调研是否可以增加销售量,以便加大对整体销售的贡献。图 6-1 对各自品类或市场的日均可以有一个初步的了解,但是某个地区的某个品类日均客单价是什么情况则需要进一步分析。使用 interaction() 函数将品类及地区结合来绘制箱线图,代码如下:

```
# 代码 6-3 地区与品类交互客单价箱线图
library(ggplot2)
library(readr)
library(magrittr)
library(patchwork)
data1 <- read_csv('D://Per//MB//bookfile//Mbook//data//salesdata.csv')
# # Rows: 4425 Columns: 5
# # Column specification
# # Delimiter: ","
# # chr (3): date, category, region
# # dbl (2): quantity, sales
# #
# # i Use `spec()` to retrieve the full column specification for this data
# # i Specify the column types or set `show_col_types = FALSE` to quiet this message
```

```
data1 %>% ggplot(aes(x = reorder(interaction(category,region),sales,fun = 'median'),y =
sales)) + geom_boxplot(fill = 'lightblue') + labs(title = '各品类 category + 地区 region 每日销
售客单价箱线图',x = '品类及地区',y = '销售额') + theme_classic() + coord_flip()
```

代码运行的结果如图 6-2 所示。

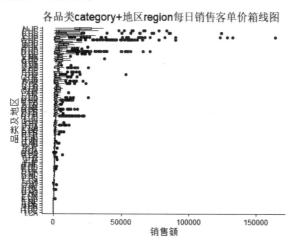

图 6-2 地区与品类交互客单价箱线图

图 6-2 中由于内容太多,显示效果并不是太好,这时可以考虑先做数据计算统计,之后做可视化。首先计算不同地区 region、品类 category 每日销售的中位数,之后使用 geom_tile()绘制瓦片图,代码如下:

```
#代码 6-4 地区与品类交互客单价瓦片图
library(ggplot2)
library(readr)
library(magrittr)
library(dplyr)
library(RColorBrewer)
data1 <- read_csv('D://Per//MB//bookfile//Mbook//data//salesdata.csv')
## Rows: 4425 Columns: 5
## Column specification
## Delimiter: ","
## chr (3): date, category, region
## dbl (2): quantity, sales
##
## i Use `spec()` to retrieve the full column specification for this data
## i Specify the column types or set `show_col_types = FALSE` to quiet this message
data1 %>% group_by(category,region) %>% summarise(sales_sum = sum(sales),
quantity_sum = sum(sales),
  sales_avg = median(sales)) %>%
```

```
            ggplot(aes(x = category, y = region, fill = sales_avg)) + geom_tile() +
            scale_fill_gradientn(colors = colorRampPalette(rev(brewer.pal(9,'Spectral')))(30)) +
            labs(title = '各品类 category + 地区 region 每日销售客单价瓦片图', x = '品类', y = '销售额') +
            theme_classic()
            ## `summarise()` has grouped output by 'category'. You can override using the `.groups` argument
```

代码运行的结果如图 6-3 所示。

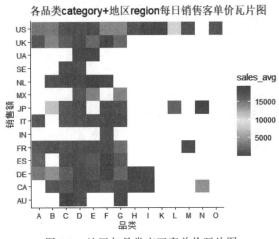

图 6-3　地区与品类交互客单价瓦片图

从图 6-3 非常容易识别 JP 的品类 N 日均客单价最高，接下来是 US 的品类 L 日均客单价也较高。整个图形相比箱线图就非常清晰了，如果想标识具体的数据，则可使用 geom_text() 轻松实现。图 6-3 中用到 scale_fill_gradientn() 对图形填充色做一个自定义处理：brewer.pal(9,'Spectral') 使用 RColorBrewer 包中的函数 brewer.pal 获取调色板 Spectral 中的 9 种颜色。rev() 函数对取出来的颜色做逆序处理，以便红色系对应高数值，最后 colorRampPalette() 函数在上述 9 种颜色间计算渲染出 30 种颜色，用于填充底色。这种颜色处理过程非常实用，强烈推荐读者掌握。

6.1.2　销售结构研究

通过甜甜圈图可以快速展示各个地区的销售占比，图形比较直观，容易理解。如果需要精确地比较各个地区的占比，则建议用条形图等对此进行可视化。甜甜圈图逻辑不复杂，但是细节比较多：计算占比时分母 sum(.$sales) 中的 . 代表 data1，与 sum(data.$sales) 相同效果。通过 forcats 包中的函数 fct_inorder() 将 region 变量按照金额排序后的顺序作为因子顺序，便于在图表中按照金额大小依次显示。geom_text() 用于添加标签文本，同时将特定地区的文本颜色设置为黑色，以便和填充色形成对比效果。scales::comma() 函数及 scales::percent() 函数将显示的文本分别设置为千分位数值格式及百分比格式。通过 annotate() 在图形中间位置增加文字，通过 coord_polar() 将图形变为极坐标，xlim() 用于控制圆环的宽窄及中间空白区域的大小。由于 ggplot() 当中 x 被设定为 5,因此 xlim() 中的参数值范围必须包含 5。具体用法见下面的例子,代码如下:

```r
#代码 6-5 地区销售额占比图
library(ggplot2)
library(readr)
library(magrittr)
library(dplyr)
library(RColorBrewer)

data1 <- read_csv('D://Per//MB//bookfile//Mbook//data//salesdata.csv')
##Rows: 4425 Columns: 5
##Column specification
##Delimiter: ","
##chr (3): date, category, region
##dbl (2): quantity, sales
##
##i Use `spec()` to retrieve the full column specification for this data
##i Specify the column types or set `show_col_types = FALSE` to quiet this message
data1 %>% group_by(region) %>%
  summarise(sales_sum = sum(sales),
            sales_weight = sum(sales)/sum(. $ sales),
            quantity_sum = sum(sales),sales_avg = median(sales)) %>%
  arrange(sales_sum) %>% mutate(region = forcats::fct_inorder(region)) %>%
  ggplot(aes(x = 5,y = sales_sum,fill = region,group = region)) +
  geom_col(color = 'white') +
  geom_text(position = position_stack(vjust = 0.5),
            aes(x = 4.95,color = if_else(region %in% c('US','JP','DE','UK'),I('white'),I('grey10') ),
            size = sales_sum,label = paste0(region,'\n',scales::comma(sales_sum/10000,1),
'\n',scales::percent(sales_weight,1)))) +
  scale_fill_manual(values = colorRampPalette(brewer.pal(3,'Blues'))(14)) +
  annotate('text',x = 3.5,y = sum(data1 $ sales) * 0.9,label = '地区占比',size = 8,color = 
'grey60') +
  xlim(3.5,5.5) + coord_polar(theta = 'y') +
  labs(title = '各地区销售额占比') + theme_void() +
  theme(legend.position = 'none')
```

代码运行的结果如图 6-4 所示。

从图 6-4 可以看出 US 地区占比最大,结合前面分析日均销售部分地区均值来看,MX 如果日均销售大,但是整体销售低,则推测应该是售卖天数少或者来客数低,可以继续分析。前面已经假设了每条记录是一个顾客的购买记录,因此可以通过函数 n() 统计每个地区的来客数,代码如下:

图 6-4 地区销售额占比图

```
#代码 6-6 各地区客单价与来客数
library(ggplot2)
library(readr)
library(magrittr)
library(dplyr)

data1 <- read_csv('D://Per//MB//bookfile//Mbook//data//salesdata.csv')
# # Rows: 4425 Columns: 5
# # Column specification
# # Delimiter: ","
# # chr (3): date, category, region
# # dbl (2): quantity, sales
# #
# # i Use `spec()` to retrieve the full column specification for this data
# # i Specify the column types or set `show_col_types = FALSE` to quiet this message
data1 %>% group_by(region) %>%
  summarise(sales_sum = sum(sales),
            sales_weight = sum(sales)/sum(. $ sales),
            quantity_sum = sum(sales),sales_avg = median(sales),
            custom_count = n()) %>%
  arrange(sales_sum) %>% mutate(region = forcats::fct_inorder(region)) %>%
  ggplot(aes(x = sales_avg,y = custom_count,color = region,size = sales_sum,label = region)) +
  geom_point() +
  geom_text(hjust = 1.5) +
  scale_x_log10() + scale_y_log10() +
  scale_size_continuous(guide = 'none') +
  scale_color_discrete(guide = 'none') +
  labs(title = '客单价及来客数',x = '客单价',y = '来客数') + theme_classic()
```

代码运行的结果如图 6-5 所示。

由于数据差异比较大,为了显示效果使用 scale_x_log10()、scale_y_log10()将 x 轴及 y 轴以对数刻度显示。由于将销售额映射给了点的大小,所以会出现显示大小标尺的图例,通过 scale_size_continuous(guide= 'none')将其去除。同理,通过 scale_color_discrete(guide= 'none')将

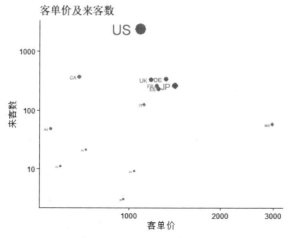

图 6-5　各地区客单价与来客数

颜色对应的图例删除。上例中也可以使用 theme(legend.position = 'none')将所有图例一次去除,但是分别删除不同标度的图例也是常用的技巧。

从上面的数据及图形可以观察到,US 销售额大是由来客数拉动的;MA 虽然客单价高,但是来客数不高,因此销售额偏低。这一点和前面的推测是一致的。上面的分析可以看出 US 占比较大,可以将 US 品类拆开来绘制"多层甜甜圈"图,外圈和图 6-5 表达的意义一致,内圈代表 US 品类情况,代码如下:

```
#代码 6-7 多层甜甜圈图
library(ggplot2)
library(readr)
library(magrittr)
library(dplyr)
library(tidyr)
library(RColorBrewer)
data1 <- read_csv('D://Per//MB//bookfile//Mbook//data//salesdata.csv')
##Rows: 4425 Columns: 5
##Column specification
##Delimiter: ","
##chr (3): date, category, region
##dbl (2): quantity, sales
##
##i Use `spec()` to retrieve the full column specification for this data
##i Specify the column types or set `show_col_types = FALSE` to quiet this message
region_exclude_us <- setdiff(data1 $ region %>% unique(),'US')
seq_level <- c("US","JP","DE","UK","ES","CA","FR","IT","MX","AU","NL","SE","UA","IN",
"C","D","H","B","F","L","A","G","E","K","M","O","I")
data1 %>% mutate(category = if_else(region == 'US',category,region)) %>%
   group_by(region,category) %>%
```

```
    summarise(sales_sum = round(sum(sales)/10000,0.1))  %>%
    pivot_longer(cols = c(1:2),names_to = 'axis_x',values_to = 'type') %>%
    filter(!(axis_x == 'category' & (type %in% region_exclude_us))) %>%
    group_by(type,axis_x) %>%
    summarise(sales_sum_plot = sum(sales_sum)) %>%
    mutate(type = factor(type,levels = seq_level)) %>%
    ggplot(aes(x = axis_x,y = sales_sum_plot,
               fill = type,group = interaction(type,axis_x ))) +
    geom_col(color = 'white',size = 0.05,position = position_stack(reverse = TRUE)) +
    geom_text(color = 'white',aes(size = sales_sum_plot,label = paste0(type,'\n',sales_sum_plot)),
              position = position_stack(vjust = 0.5,reverse = TRUE)) +
    scale_x_discrete(limits = c('blank','category','region')) +
    scale_fill_manual(values = c(C = "#81CA81",D = "#76C27A",H = "#6CBB73",B = "#62B46D",
    F = "#58AD66",L = "#4EA55F",A = "#449E59",G = "#3A9752",E = "#30904B",K = "#268845",
    M = "#1C813E",O = "#127A37",I = "#087331",US = "#00441B",JP = "#005D25",DE = "#087331",
    UK = "#1D8641",ES = "#309950",CA = "#44AC5E",FR = "#64BC6E",IT = "#81CA81",MX = "#9DD798",
    AU = "#B5E1AE",NL = "#CBEAC4",SE = "#DEF2D8",UA = "#EBF7E8",IN = "#F7FCF5")) +
    coord_polar(theta = 'y') +
    theme_void() +
    theme(legend.position = 'none')
## `summarise()` has grouped output by 'region'. You can override using the `.groups` argument
## `summarise()` has grouped output by 'type'. You can override using the `.groups` argument
```

代码运行的结果如图 6-6 所示。

setdiff()函数会提取输入参数的差异部分,本例中将地区 region 中非 US 部门提取出来便于后面的代码进行筛选。seq_level 生成一个因子,后续用于将 category 及 region 合并字段因子化,最终使图形按照大小顺序显示,本例中将数据导入 Excel 手工导出处理得到这个顺序,R 代码也可以实现。在 geom_text()中使用 position_stack()将文本标签调整为堆积状态;在 scale_x_discrete()中通过 limits 参数增加中间空心部分。scale_fill_manual()用于定义图形每个序列的填充颜色,这个 values 结合 seq_level 在 Excel 手工处理顺

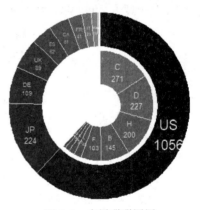

图 6-6　多层甜甜圈图

序,之后手工组合 colorRampPalette()生成对应的 27 种颜色。下面的代码显示生成颜色的过程,并用 scales 包中的 show_col()将生成的颜色显示出来,代码如下:

```
#代码 6-8 show_col()函数 1
library(ggthemes)
library(scales)
library(patchwork)
p1 <- colorRampPalette(brewer.pal(9,'Greens'))(14) %>% show_col()
```

```
#代码 6-9 colorRampPalette()函数
p2 <- colorRampPalette(c("#087331","#81CA81"))(13) %>% show_col()
```

```
#代码 6-10 颜色合并
(final_p <- p1 + p2)
```

最终代码显示的结果如图 6-7 所示。

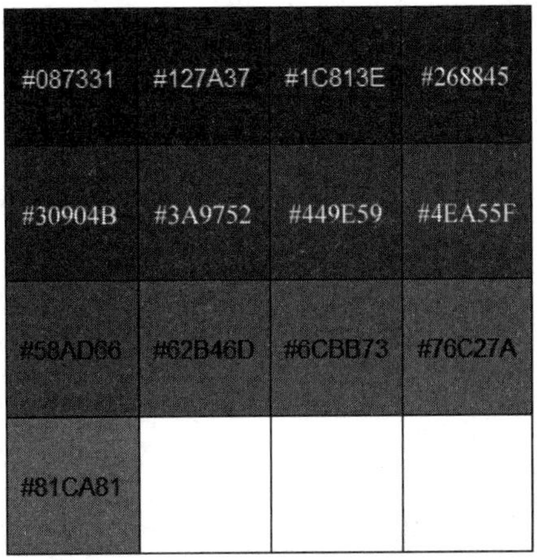

brewer.pal(9,'Greens')将调色板 Greens 中的 9 种颜色取出来，colorRampPalette()(14)将生成的 9 种颜色计算渲染生成 14 种颜色。同理，colorRampPalette(c('#087331','#81CA81'))(13) 将两个二进制颜色渲染为 13 种颜色，这两个二进制颜色代码来自第 1 步，是人为选取的。如果是作为反复使用的代码，则可以将上述手工部分替换为代码实现。代码比较繁杂，但是配色是绘图中常常遇到的问题，因此作为技巧学习还是值的。

上面的内容假设对需要分析的数据没有认知，因此以探索、了解的分析逻辑展开。在实际场

图 6-7 colorRampPalette 生成颜色

景中，一般分析者已经对待分析的销售数据有一定的基本认识了，因此关注的可能是同比、环比、占比变化、量价、预算达成等内容。同时销售分析也会结合行业及企业知识关联分析：如竞争对销售的影响、流量大小、流量转化率变化、季节因素等。历史的销售分析是一方面，结合时间序列趋势、机器学习等也可以对未来销售做预测分析。整体来看销售分析的维度是多样的，要结合可获得的数据源维度及业务可用性为目标进行分析。

6.2 库存结构分析

库存是大部分实体企业最重要的资产之一，其健康与否备受关注。如上市公司财报中商贸企业、制造业等库存是重点关注项：库存的变动影响毛利、资产、现金流，库存的现状可以反映未来盈利空间或风险。完整的库存分析需要结合供、产、销、资金等环节来分析，最终的目标是能提供销售端适当的库存，同时利润贡献尽可能最大化，库存带来的现金尽可能早流回企业。在实际工作中库龄是一个非常重要的分析维度，所讲的库龄即货物在仓库里放了多久。通常场景下希望库龄越小越好。当然，这里是假设其他因素不变的情况下，在实际场景中批量采购优惠、最小订货量等都会影响库存，并不一定是库龄越小对企业的经济贡献越大。另外，类似窖藏白酒等却不一定是这个逻辑。下面的例子从 R 语言可视化的角度，对库存结构做一个结构展示，让关注者有一个清晰的认识，先绘制库存初步图，在此基础上精修，代码如下：

```
#代码6-11 基本库存结构图
library(ggplot2)
library(readr)
library(magrittr)
library(dplyr)
library(tidyr)
library(RColorBrewer)

inventory_data <- read_csv('D://Per//MB//bookfile//Mbook//data//inventory.csv')
## Rows: 8706 Columns: 6
## Column specification
## Delimiter: ","
## chr (4): owner_site, category, warehouse, inventory_status
## dbl (2): ei_qty, ei_amount
##
## i Use `spec()` to retrieve the full column specification for this data
## i Specify the column types or set `show_col_types = FALSE` to quiet this message
inventory_data %>% group_by(category,warehouse) %>%
  summarize(EI_amount = sum(ei_amount/1000),EI_qty = sum(ei_qty)) %>%
  ggplot(aes(x = reorder(category, - EI_amount),y = EI_amount,fill = warehouse)) +
  geom_col() + geom_text(aes(size = EI_amount, label = scales::comma(EI_amount,0.1)),
                         position = position_stack(0.5)) +
  theme_classic()
## `summarise()` has grouped output by 'category'. You can override using the `.groups` argument
```

代码运行的结果如图6-8所示。

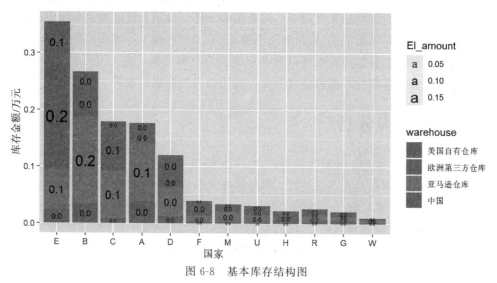

图6-8 基本库存结构图

图6-8中使用reorder()将 x 轴品类由大到小显示,将金额映射到字体上,整体上看可以解释库存E占比最大、B占比第二大等信息,但是图形存在缺点:颜色杂乱、不能获取每个品类库存总金额、在每个品类里面每个仓库warehouse显示是无序的、右侧图例中文字大小图例意义不大,略显多余。下面对上述问题进行修正,代码如下:

```r
#代码6-12 优化后的库存结构图
library(ggplot2)
library(readr)
library(magrittr)
library(dplyr)
library(tidyr)
library(RColorBrewer)

inventory_data <- read_csv('D://Per//MB//bookfile//Mbook//data//inventory.csv')
#观察原始图,将较小的几个品类合并为Other,便于更好地展示其他数据
inventory_data0 <- inventory_data %>% mutate(category = if_else(category %in% c('V','T',
'J','P','K','Q','Z','W','L','N'),'Other',category ))

#将品类Other汇总
category_seq_other <- inventory_data0 %>% filter(category == 'Other') %>%
group_by(category) %>%
    summarize(EI_cat_amount = sum(ei_amount/1000))
#按照品类category中非Other部分汇总,按照由大到小进行排序,接下来和Other汇总数拼接为一
#个数据框
#接上面的步骤,使用forcats包中的fct_inorder()函数将品类按照数据框中的顺序转换为因子
category_seq <- inventory_data0 %>% filter(category!= 'Other') %>%
group_by(category) %>%
    summarize(EI_cat_amount = sum(ei_amount/1000)) %>% arrange(-EI_cat_amount) %>%
    rbind(.,category_seq_other) %>%
mutate(category = forcats::fct_inorder(category))
#按照仓库warehouse汇总,获取仓库顺序因子
warehouse_seq <- inventory_data0 %>% group_by(warehouse) %>%
    summarize(EI_amount = sum(ei_amount/1000)) %>% arrange(-EI_amount) %>%
    mutate(warehouse = forcats::fct_inorder(warehouse))

#将原始数据和品类汇总后的数据拼接在一起,为geom_text()中品类提供标签label值及y坐标轴值
inventory_plot <- inventory_data0 %>% left_join(category_seq,by = 'category') %>%
group_by(category,warehouse,EI_cat_amount) %>%
summarize(EI_amount = sum(ei_amount/1000),EI_qty = sum(ei_qty)) %>%
#将前面计算好的品类、仓库因子顺序赋值到数据框中
      mutate(category = factor(category,levels = levels(category_seq $ category)),
          warehouse = factor(warehouse,levels = levels(warehouse_seq $ warehouse))) %>%
ggplot(aes(x = category,y = EI_amount,fill = warehouse)) +
  geom_col() + geom_text(aes(color = if_else(warehouse %in% c('中国','美国自有仓'),I('White'),
I('grey30')),
                       size = EI_amount,label = scales::comma(EI_amount,0.1)),
                    position = position_stack(0.5),show.legend = FALSE) +
  geom_text(color = 'grey80',vjust = -0.5,size = 4,aes(y = EI_cat_amount,label = scales::
comma(EI_cat_amount,0.1))) +
  ylim(0,max(category_seq $ EI_cat_amount) * 1.1) +
  labs(x = '品类',y = '库存金额',fill = '仓库',title = '库存结构',subtitle = '单位:RMB 千元',
caption = '报告日期:2022-3-1') +
  theme_classic() + theme(legend.position = 'top',axis.text.y = element_blank(),
                   axis.ticks.y = element_blank(),axis.text.x = element_text(size = 10)) +
  scale_fill_viridis_d(direction = -1)

inventory_plot
```

代码运行的结果如图 6-9 所示。

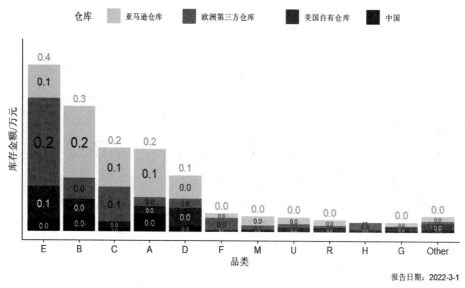

图 6-9 优化后的库存结构图

优化后库存结构图 6-9 将较小的几个品类使用 if_else() 函数合并为 Other，节约了版面。生成了品类顺序因子、仓库顺序因子，将因子赋值到原始数据，对品类由大到小进行排序。scale_fill_viridis_d() 将 viridis 颜色序列填充到图中，在默认情况下深颜色在上，浅颜色在下，为了避免头重脚轻，使用 direction =－1 将颜色翻转，即从上到下由浅到深。在 geom_text() 中为配合填充色，将标签中的"中国"及"美国自有仓"调整为白色。其他细节同时也做了调整，主要目的是减少图形不必要的要素，避免干扰主要内容，调整后整个图形更加清爽、明晰。从分析角度，上面的图形中缺少每个仓库的总数信息，下面给予优化。首先绘制一个仓库汇总数据条形图，之后使用 patchwork 包将该子图与上面的图拼接在一起，代码如下：

```
# 代码 6-13 优化后库存结构图增加子图
library(ggplot2)
library(readr)
library(magrittr)
library(dplyr)
library(tidyr)
library(RColorBrewer)
library(patchwork)

inventory_data <- read_csv('D://Per//MB//bookfile//Mbook//data//inventory.csv')
# 观察原始图,将较小的几个品类合并为 Other,便于更好地展示其他数据
inventory_data0 <- inventory_data %>% mutate(category = if_else(category %in% c('V','T',
'J','P','K','Q','Z','W','L','N'),'Other',category ))
```

```r
#将品类 Other 汇总
category_seq_other <- inventory_data0 %>% filter(category == 'Other') %>%
group_by(category) %>%
    summarize(EI_cat_amount = sum(ei_amount/1000))
#按照品类 category 中非 Other 部分汇总,按照由大到小进行排序,接下来和 Other 汇总数拼接为一
#个数据框
#接上面的步骤,使用 forcats 包中的 fct_inorder()函数将品类按照数据框中的顺序转换为因子
category_seq <- inventory_data0 %>% filter(category!= 'Other') %>%
group_by(category) %>%
    summarize(EI_cat_amount = sum(ei_amount/1000)) %>% arrange(-EI_cat_amount) %>%
    rbind(.,category_seq_other) %>%
mutate(category = forcats::fct_inorder(category))
#按照仓库 warehouse 汇总,获取仓库顺序因子
warehouse_seq <- inventory_data0 %>% group_by(warehouse) %>%
    summarize(EI_amount = sum(ei_amount/1000)) %>% arrange(-EI_amount) %>%
    mutate(warehouse = forcats::fct_inorder(warehouse))

#将原始数据和品类汇总后的数据拼接在一起,为 geom_text()中品类提供标签 label 值及 y 坐标轴值
inventory_plot <- inventory_data0 %>% left_join(category_seq,by = 'category') %>%
group_by(category,warehouse,EI_cat_amount) %>%
summarize(EI_amount = sum(ei_amount/1000),EI_qty = sum(ei_qty)) %>%
#将前面计算好的品类、仓库因子顺序赋值到数据框中
            mutate(category = factor(category,levels = levels(category_seq$category)),
                warehouse = factor(warehouse,levels = levels(warehouse_seq$warehouse))) %>%
    ggplot(aes(x = category,y = EI_amount,fill = warehouse)) +
    geom_col() + geom_text(aes(color = if_else(warehouse %in% c('中国','美国自有仓'),I('White'),
I('grey30')),
                    size = EI_amount,label = scales::comma(EI_amount,0.1)),
                    position = position_stack(0.5),show.legend = FALSE) +
    geom_text(color = 'grey80',vjust = -0.5,size = 4,aes(y = EI_cat_amount,label = scales::
comma(EI_cat_amount,0.1))) +
    ylim(0,max(category_seq$EI_cat_amount) * 1.1) +
    labs(x = '品类',y = '库存金额',fill = '仓库',title = '库存结构',subtitle = '单位:RMB 千元',
caption = '报告日期:2022-3-1') +
    theme_classic() + theme(legend.position = 'top',axis.text.y = element_blank(),
                axis.ticks.y = element_blank(),axis.text.x = element_text(size = 10)) +
    scale_fill_viridis_d(direction = -1)


warehouse_plot <- warehouse_seq %>% ggplot(aes(x = warehouse,y = EI_amount,fill =
warehouse,
label = scales::comma(EI_amount,0.1))) +
    geom_col() + geom_text(size = 4,hjust = 1.2,
                    aes(color = if_else(warehouse %in% c('中国','美国自有仓'),I('White'),
I('grey30')))) + scale_fill_viridis_d(direction = -1) +
    scale_x_discrete() +
    coord_flip() +
    theme_minimal() + theme(legend.position = "none",
                    axis.title = element_blank(),
                    axis.text.x = element_blank())

inventory_plot + inset_element(warehouse_plot,0.5,0.3,1,1)
```

代码运行的结果如图 6-10 所示。

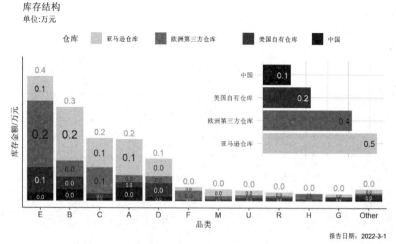

图 6-10 优化后库存结构图增加子图

inset_element()函数将第 2 张图片插入第 1 张图片中,其中的数字参数分别代表子图 x 轴的开始位置、y 轴的开始位置、图片右上角的结束位置,数值最小为 0,最大为 1。上面就是整个库存结构可视化的例子,读者可以自行发挥,根据实际情况对要素进行组合。ggplot2 众多的参数可以让图形有非常多的变换可能性,虽然时常看起来代码比较多。

6.3 中国上市公司分析

本例内容主要展示如何从新浪财经通过 R 代码下载上市公司 Excel 格式利润表、现金流量表,之后通过自定义行数对数据整理并对其中的财务指标做可视化分析。通过该例子可以对中国上市公司有一个大致的宏观了解。由于通过开源渠道获取的数据,基本没有任何费用支出,所以对于普通读者来讲这是一种最经济的获取数据方式,这些技巧可以运用于其他感兴趣的研究项目。数据来源于新浪财经,登录网页 https://finance.sina.com.cn/stock/,在左下侧"投资助手"中的"基本面"栏单击"业绩报表"链接,可以进入数据中心的"业绩报表",当然使用链接 http://vip.stock.finance.sina.cn/q/go.php/vFinanceAnalyze/kind/mainindex/index.phtml 可以直接进入该界面,如图 6-11 所示。

选择任意一只股票右侧的"详细"链接,进入该公司详细信息页,左侧面的"财务报表"栏包含了财务摘要表、资产负债表、公司利润表、现金流量表。后 3 张报表就是本例中需要获取的数据源,如图 6-12 所示。

以股票 300834 的利润表为例,单击"公司利润表"进入利润表界面(默认也是这个界面),下方有链接"下载全部历史数据到 Excel 中",右击"打开"菜单,单击"复制链接地址"复制到 Excel 或 Word,可以得到股票 300834 的下载网址 http://money.finance.sina.com.cn/corp/go.php/vDOWN_ProfitStatement/displaytype/4/stockid/300834/ctrl/all.phtml。以同样的方式打开另外一只股票的历史报告下载网址,发现链接中只有股票代码不同,因此不断替换其中的股票代码就可以得到需要下载股票的利润表下载链接。以同样的方式可以获取资产负债表、现金流量表的下载网址,如图 6-13 所示。

图 6-11 新浪财经数据中心界面

图 6-12 新浪财经财务报表下载界面

图 6-13 获取新浪财经财务报表下载链接

6.3.1 数据获取及清洗

为了简化 R 代码，降低读者理解的难度，在 Excel 中批量编辑好下载链接地址，之后读入 R 环境并通过循环即可下载对应的报表。股票代码可以从上面的数据中心获取，因为当季度不一定所有上市公司都披露了信息，所以需要多几个季度获取股票代码，去重后才可以得到完整的清单，读者也可以搜索"中国上市公司名录"等其他渠道获取。当然如果还需要上市日期、地域、行业等，则需要多个数据源拼接。接下来在 Excel 中新建工作表，第 1 列准备好股票代码，之后通过链接符等 Excel 公式将 B：D 的链接编辑好。这里股票代码后面有 SZ/SH 等后缀，可以不需要，在 Excel 中做对应修改即可。完整的表格可参考 1_stock_list.xlsx 文件中的 stock 工作表。Excel 中关键列如图 6-14 所示，B：D 列分别代表利润表、资产负债表、现金流量表的 URL 链接。

下面开始下载网页数据，本例中使用 readxl 包来完成这个动作。首先，使用 setwd() 函数改变工作路径，此路径中包含文件 1_stock_list.xlsx。代码首先读入该股票清单，之后循环使用 download.file() 下载对应的文件，文件与股票清单文件存放在同一文件夹下。文件下载过程中，使用 paste0() 函数生成了文件名称，这里的名称规律和后续的自定义函数是配合使用的，不能单独改动，代码如下：

```
#代码 6-14 下载数据
setwd(r"(E:\Per\MB\bookfile\Mbook\data\p1)")
library(tidyverse)
library(readxl)
#读入股票清单
```

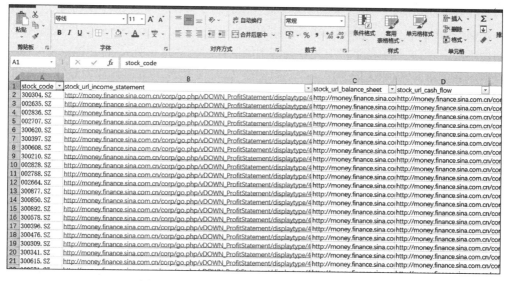

图 6-14 在 Excel 中使用公式生成 URL 链接

```
stock_list <- read_xlsx("1_stock_list.xlsx","stock")

#下载利润表
for (i in 1:nrow(stock_list)){
  download.file(stock_list $ stock_url_income_statement[i],
    paste0(stock_list $ stock_code[i],'_PL.xls'))
  Sys.sleep(4)
}

#下载资产负债表
for (i in 1:nrow(stock_list)){
  download.file(stock_list $ stock_url_balance_sheet[i],
    paste0(stock_list $ stock_code[i],'_BS.xls'))
  Sys.sleep(4)
}

#下载资产现金流量表
for (i in 1:nrow(stock_list)){
  download.file(stock_list $ stock_url_cash_flow[i],
             paste0(stock_list $ stock_code[i],'_CASH.xls'))
  Sys.sleep(4)
}
```

为了降低访问网页过于频繁而被网站反扒限制访问，代码使用 Sys.sleep(4) 在运行中增加间歇。由于上市公司已经超过了 4000 家，全部文件下载齐备有 1.2 万多个，需要一定的时间下载，因此实际在运行过程中，建议上述 3 个循环分别执行。在执行过程中可能会有中断，这时查看循环中的 i 值确定中断点，修改循环范围继续即可。如断点 i 值等于 500，单独运行代码中的 stock_code[i] 部分,确认是否该股票文件已经下载,若已经下载成功,则将循环中的代码改为 501:nrow(stock_list),重新执行就可以了。也可能碰到代码没有问题,但访问不了网页,这时手动将对应链接复制到浏览器网址栏刷新网页,可能提示需要微信扫码注册或登录新浪财经,按照操作步骤处理即可,之后重新按照上面处理断点的方法,最后执行代码即可。

整个下载过程笔者断断续续大致花费了 2 天时间,建议读者使用闲置机器来完成这个下载动作。当然,如果只是研究某几家公司的财报数据,则可修改下载清单文件,整个下载速度还是比较快的。下载完所有财务报表后,需要检查现在的报表数量是否齐全,手工检查或代码检查都可以,方法也比较多样,这里就不赘述了。最终下载完毕的报表文件有 200～300MB,如图 6-15 所示。

图 6-15 下载生成的 Excel 文件

基于上述基础数据,首先需要对数据进行清洗整理工作,之后才能对数据进行分析。任意打开一个下载好的文件,观察文件结构,如图 6-16 所示。第 1 行是报告日期,第 2 行是货币单位,第 1 列是报表项。

文件清洗的过程大致是:删除'元'所在的第 2 行,实际数据导入 R 环境后第 1 行成为表头,即在 R 环境需要去除的是第 1 行,将"报表日期"更改为 item,使用 read.csv() 导入数据后行表头名称会被添加 X,如"20210930"导入后会变为"X20210930",最后一列是空白的,列名称是 X。

处理过程中需要将 X 替换掉,最后 1 列的列名称为 X 且无内容,可以直接删除。之后增加年、月、季度、报表类型等字段变量。每个文件都需要执行上面的操作,最终将这些单个文件汇总到一起即可作为分析的数据源。

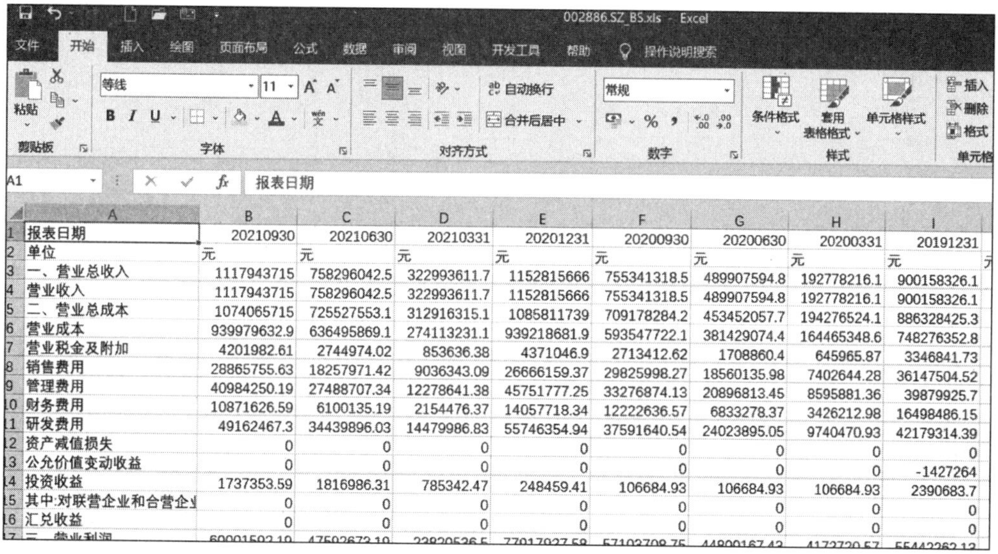

	A	B	C	D	E	F	G	H	I
1	报表日期	20210930	20210630	20210331	20201231	20200930	20200630	20200331	20191231
2	单位	元	元	元	元	元	元	元	元
3	一、营业总收入	1117943715	758296042.5	322993611.7	1152815666	755341318.5	489907594.8	192778216.1	900158326.1
4	营业收入	1117943715	758296042.5	322993611.7	1152815666	755341318.5	489907594.8	192778216.1	900158326.1
5	二、营业总成本	1074065715	725527553.1	312916315.1	1085811739	709178284.2	453452057.7	194276524.1	886328425.3
6	营业成本	939979632.9	636495869.1	274113231.1	939218681.9	593547722.1	381429074.4	164465348.6	748276352.8
7	营业税金及附加	4201982.61	2744974.02	853636.38	4371046.9	2713412.62	1708860.4	645965.87	3346841.73
8	销售费用	28865755.63	18257971.42	9036343.09	26666159.37	29825998.27	18560135.98	7402644.28	36147504.52
9	管理费用	40984250.19	27488707.34	12278641.38	45751777.25	33276874.13	20896813.45	8595881.36	39879925.7
10	财务费用	10871626.59	6100135.19	2154476.37	14057718.34	12222636.57	6833278.37	3426212.98	16498486.15
11	研发费用	49162467.3	34439896.03	14479986.83	55746354.94	37591640.54	24023895.05	9740470.93	42179314.39
12	资产减值损失	0	0	0	0	0	0	0	0
13	公允价值变动收益	0	0	0	0	0	0	0	0
14	投资收益	1737353.59	1816986.31	785342.47	248459.41	106684.93	106684.93	106684.93	-1427264
15	其中:对联营企业和合营企业	0	0	0	0	0	0	0	2390683.7
16	汇兑收益	0	0	0	0	0	0	0	0

图 6-16 下载的 Excel 文件结构

既然操作都一样，此例中先编写 1 个自定义函数 arrange_file()，这样后续调用此函数即可。自定义函数 arrange_file()，代码如下：

```
#代码 6-15 编制整理数据自定义函数
library(tidyverse)
library(stringr)
#file_name <- "002886.SZ_BS.xls"
arrange_file <- function(file_name){
 #导入文件，并删除列名称为 X 的列
 file_0 <- read.csv(file_name,sep = '\t') %>% select( - 'X')

 #删除文件中第 1 行的元字
 #有的是重复的，这些重复的列中包含.，将其去除
 file_1 <- file_0 %>% slice( - 1) %>% select(!contains('.'))
 #清理表头：将第 1 列命名为 item，从年月中删除 X
 names(file_1) <- c('item',str_sub(colnames(file_1)[2:ncol(file_1)],2,9))
 #将股票名称写入数据集
 file_1$stock_code <- str_split(file_name,'_',simplify = TRUE)[,1]
 #将报表类型写入数据集
 #报表类型：利润表 income_statement、现金流量表 cash_flow_statement、资产负债表 balance_sheet
 file_1$report_type <- if_else(grepl('PL',file_name),
                       'income_statement',
                        if_else(grepl('CASH',file_name),'cash_flow_statement',
'balance_sheet'))
 #上面的数据月份在列，将其折叠到行。因为每个文件期间不同，所以不能直接合并
 file_2 <- file_1 %>% gather(key = 'period',value = 'amount', - c('item','report_type','stock_
code')) %>%
```

```
    mutate(amount = as.numeric(amount)) %>% filter(abs(amount)>1)
#根据报表日期分离出年、月、季度信息,便于后面处理
file_3 <- file_2 %>% mutate('Year' = str_sub(period,1,4),'Month' = str_sub(period,5,6)) %>%
    mutate('Quarter' = case_when(Month == '03' ~ 1, Month == '06' ~ 2,
      Month == '09' ~ 3, Month == '12' ~ 4))
return(file_3)
}
```

上面的自定义函数稍微复杂,详细用途可参考上述代码中的注释行。同时,存储了中间对象,便于读者分步执行理解。建议读者将自定义函数参数 file_name 赋值一个具体的待处理的文件,之后分步执行便可查看中间过程。

下面开始调用 arrange_file() 函数汇总数据,由于文件较多,最终处理完毕的数据接近1GB,因此使用了 parallel 包并行计算,详见下面的例子,代码如下:

```
#代码 6-16 数据并行计算整理
library(parallel)
library(tidyverse)
#获取待处理的文件清单 pattern 使用正则表达式
files <- list.files(pattern = '.[A-Z]{2}_[A-Z]{2,4}.xls')
#检测得到 CPU 核数
cor_number <- detectCores()
#建立计算集群 cluster_1,使用的核数为上面检测到的核数-1
cluster_1 <- makeCluster(getOption("cl.cores", cor_number-1))
#将 tidyverse 包记载到集群中的每个 CPU 核中
clusterEvalQ(cluster_1, library(tidyverse))
#parLapply 将自定义函数 arrange_file 运用到每个文件上
#生成的文件是 list,使用 do.call()调用 rbind()函数最终生成数据框 Reports_list
Reports_list <- parLapply(cluster_1,files,arrange_file) %>%
    do.call(rbind,.)
#关闭集群
stopCluster(cluster_1)

#将最初的股票下载清单中的地区\行业\地区\等内容与上面整合的数据拼接在一起
stock_list_0 <- stock_list %>% select(-c(2:5))
Reports <- Reports_list %>% left_join(stock_list_0,by = 'stock_code')
```

上面的代码在获取文件列表时使用了正则表达式,如果读者对此不熟悉,则可以在文件夹内只保留需要处理的文件,之后直接使用 list.files()。为了加快整个计算过程使用并行计算,这个过程也可以使用循环、purrr 包中的 map() 来完成,处理过程时间稍微长点,普通计算机十几分钟以内是可以处理完毕的,也在可以接受范围。对象 Reports 就是后续整个分析的基础表,读者可以先熟悉其结构。

6.3.2 上市公司数量概况

以 2021 年第 3 季度数据为基础,对整个上市公司概况做一个分析了解。首先,了解上市公司的数量,使用 n_distinct() 函数获得上市公司的数量为 3903 家。这里有部分数据没

有下载全,实际应该是 4200 家以上。下面按照各个地区上市公司的数量进行统计,代码如下:

```
#代码 6-17 各地区上市公司数量统计
Reports_21Q3 <- Reports %>% filter(Year == '2021',Quarter == '3')
#上市公司总数量
Reports_21Q3 %>% summarise(n = n_distinct(stock_code))
#各地区上市公司数量统计
Reports_21Q3 %>% group_by(area) %>%
  summarize(n = n_distinct(stock_code)) %>%
  arrange(n) %>% mutate(area = forcats::fct_inorder(area)) %>%
  filter(area! = 'NA') %>%
  ggplot(aes(fill = n,area = n,label = paste0(area,'\n',n))) +
  geom_treemap() +
  geom_treemap_text(color = 'white') +
  theme_classic() +
  labs(fill = '数量',title = '中国上市公司数量统计',
       caption = '来源:新浪财经 2021Q3')
```

代码运行的结果如图 6-17 所示。

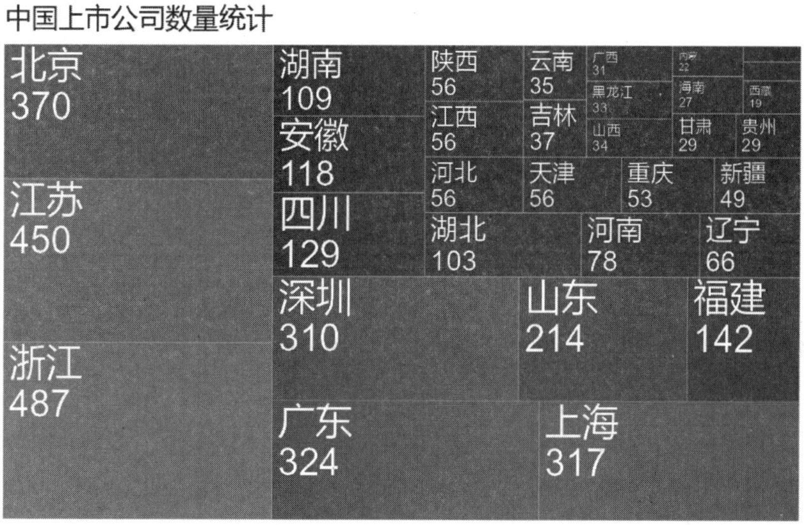

图 6-17 各地区上市公司数量统计

接下来分析各年新增加上市公司数量,由于是以 2021 年第 4 季度数据为源头,历史上已经退市公司没有被统计,因此上市数量与实际情况比较会不同程度地偏小,代码如下:

```
#代码 6-18 各年上市公司数量统计
Reports_21Q3 %>% select(stock_code,list_date) %>% unique() %>%
arrange(stock_code) %>%  mutate(list_year = str_sub(list_date,1,4) %>% as.numeric(),
                    list_month = str_sub(list_date,5,6) %>% as.numeric()) %>%
  group_by(list_year) %>% summarise(n = n()) %>%
  ggplot(aes(x = list_year,y = n)) +
```

```
          geom_col(fill = 'lightblue') +
          geom_text(size = 3.5,color = 'grey70',vjust = -3.5,
                    aes(label = str_sub(list_year,3,4))) +
          geom_text(vjust = -1,aes(label = n)) +
          geom_vline(xintercept = 1999.5,color = 'pink') +
          geom_text(data = data.frame(list_year = c(1996,2003),
                                      n = c(450,450),
                                      label = c('20世纪90年代','21世纪20年代')),
                    aes(label = label),color = 'grey80',size = 6) +
          annotate('segment',x = 1998,xend = 1992) +
          ylim(0,500) + labs(title = '中国各年新增上市公司数量',
                             caption = '来源:新浪财经2021Q4') +
          theme_void()
```

数值标签从上到下分别代表具体年份、上市公司数量。代码运行的结果如图 6-18 所示。

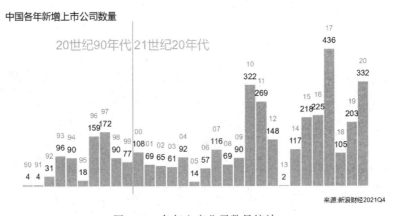

图 6-18　各年上市公司数量统计

从图 6-18 可以清晰地得出结论：每年上市公司数量虽然波动，但是大趋势是每年在增加的，2010年、2017年上市的公司比较多，达到了峰值。上面对上市公司数量做了一个大致了解，读者也可以从行业、上市板块、收入规模等对上市公司现状进行分析。

6.3.3　上市公司收入概况

本节研究上市公司收入增长情况，由于下载原始数包含了各年 1~4 季度累计的数据，也就是 2 季度数据是 1~2 季度数据的累计数，3 季度是 1~3 季度数据的累计，因此，考察年收入增长仅仅需要将 4 季度的收入数据提取出来研究即可，同时减少数据量，也可以提升绘图速度。计算增长率时使用了 tidyquant 包中的 PCT_CHANGE() 函数，也可以分组使用循环或者 lag() 函数等实现。使用 scale_x_discrete(breaks = seq(1992,2020,by = 4)) 将 x 轴中间间隔 3 个年份显示，以便得到更好的显示效果，其中 seq() 函数用于生成间隔标签并传递给 breaks 参数，代码如下：

```
#代码6-19 各年上市公司收入增长中位数
income <- Reports %>% filter(grepl('营业收入',item),Quarter == '4',report_type == 'income_
statement')
income %>% arrange(stock_code,Year) %>% group_by(stock_code) %>%
  mutate(sales_change_percent = tidyquant::PCT_CHANGE(amount)) %>%
  group_by(Year) %>%
  filter(Year >'1991') %>%
  summarise(sales_change_percent_median = median(sales_change_percent,na.rm = TRUE)) %>%
ggplot(aes(x = Year,y = sales_change_percent_median,group = 1)) +
  geom_line(color = 'lightblue') +
  geom_point(color = '#00BBFF',aes(size = sales_change_percent_median)) +
  geom_text(hjust = -0.01,vjust = -1,color = 'grey70',size = 4,
            aes(label = scales::percent(sales_change_percent_median,1))) +
  scale_x_discrete(breaks = seq(1992,2020,by = 4)) +
  scale_y_continuous(expand = expansion(mult = c(0.05,0.2))) +
  labs(x = '年',title = '中国上市公司收入增长中位数',caption = '数据来源:新浪财经') +
  theme_classic() +
  theme(
    axis.title.y = element_blank(),
    #axis.text.y = element_blank(),
    #axis.ticks.y = element_blank(),
    axis.line = element_line(color = 'grey60'),
    legend.position = 'none'
    )
```

代码运行的结果如图6-19所示。

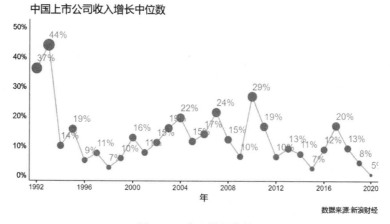

图6-19 收入增长趋势

从图6-19中可以看出1992年上市公司收入增长比较大,这个和当年上市公司数量较小有关系。1996年开始到2011年是一个高速增长的阶段,其后下降至2015年,2015—2017年小幅增长后开始下降,2020年由于疫情等影响降至最低点。现在上市公司已经有4000家以上,上市公司的业绩情况基本上反映了整个中国经济的大致状况。

下面研究行业收入占比,了解哪些行业2020年从收入角度占上市公司比重大,由于金额较大，所以以百亿为单位，下面使用树图来展示行业、收入金额、收入占比3个数据，代码如下：

```
#代码6-20 各行业上市公司收入占比
library(treemapify)
income %>% filter(Year == '2020') %>% group_by(industry,Year) %>%
  summarise(sales_sum = sum(amount)/10000000000) %>%
  mutate(sales_sum_weight = sales_sum/
         sum(income $ amount[ income $ Year == '2020']/10000000000)) %>%
  ggplot(aes(area = sales_sum, fill = industry)) +
  geom_treemap() + geom_treemap_text(aes(
    label = paste0(industry, '\n',
                   scales::comma(sales_sum,1), '\n',
                   scales::percent(sales_sum_weight,1)))) +
  labs(title = '2020年中国上市公司各行业收入及比重', subtitle = '单位:人民币百亿',
       caption = '数据来源:新浪财经') +
  theme(legend.position = 'none')
```

代码运行的结果如图6-20所示。

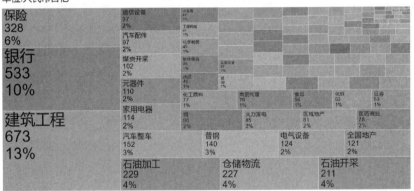

图6-20 各行业上市公司收入占比

从分析可以看出，中国上市公司传统行业占比还是比较大的，如银行、保险、建筑工程、石油行业等。火热的互联网及IT行业没有展现在明显位置，主要是这类公司大都在香港或海外上市。接下来研究上市公司收入规模的变化，当然这里有上市公司收入不断增加影响，也有不断增加上市公司数量造成的影响，因此年度间不是统一口径，仅仅展示各年合计收入规模的变化，不能反映增长。下面使用ggstream包绘制河流图，其中使用geom_text()函数添加标签标识具体数据，代码如下：

```
#代码6-21 上市公司收入规模趋势
library(ggstream)
income %>% filter(Year >'2000') %>% group_by(Year) %>%
```

```
    summarise(sales_sum = sum(amount)/1000000000000) %>%
    mutate(Year = as.numeric(Year)) %>%
    ggplot(aes(x = Year, y = sales_sum, fill = I('lightblue'))) +
    geom_stream() + geom_text(aes(y = 0,
        label = scales::comma(sales_sum,1))) +
    labs(title = '中国上市公司收入规模趋势', x = '年',
         subtitle = '单位:人民币万亿',
         caption = '数据来源:新浪财经') +
    theme_minimal() +
    theme(legend.position = 'none',
          #axis.text.y = element_blank(),
          #axis.title.y = element_blank()
)
```

代码运行的结果如图 6-21 所示。

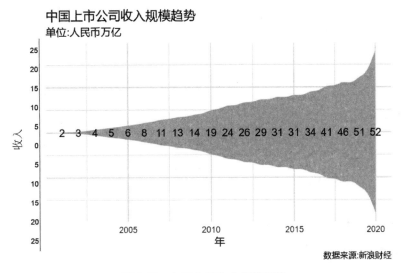

图 6-21　上市公司收入规模趋势

公司运作的核心目的是获得可持续的盈利,从而为投资者获得投资回报。企业在不同阶段有不同的盈利需求:投入期可能会出现亏损,之后就希望投入的资本不断增值,对于现金流在每个阶段都较为重要。衡量盈利能力的指标有毛利率、经营利润率、息税前利润率、净利润率、资产收益率、净资产收益率、经营现金流占收入比等指标。当然,广义角度收入也是盈利指标,因为比例指标非常高,如果对应的收入萎缩,则利益流入金额会变小,这显然不是所讲的盈利能力强。利用上面数据中的利润表、资产负债表、现金流量表即可对上述指标进行分析扩展,这里不再赘述。

附录 A rmarkdown 及 data.table 包

本书主要侧重 R 语言可视化数据分析,但是仍旧有一些内容值得读者关注,本章给予简单介绍。更深入的内容超出了本书范围,读者可以参考相关书籍。

A.1 rmarkdown 介绍

Markdown 是一种轻量级标记语言,创始人为约翰·格鲁伯(John Gruber)。Markdown 允许使用易读易写的纯文本格式编写文档,然后转换成有效的 XHTML 或者 HTML 文档。Markdown 语言吸收了很多在电子邮件中已有的纯文本标记的特性。由于 Markdown 的轻量化、易读易写特性,并且对图片、图表、数学式都支持,所以许多网站广泛使用 Markdown 来撰写帮助文档或用于论坛上发表消息。

rmarkdown 是 Markdown 在 R 语言环境中的版本。通常给一段代码添加注释字段,可以帮助梳理思路、更容易让他人读懂及理解代码,但是,当你学习完 rmarkdown 后会更加喜爱其灵活、易学习的特性。在此环境中可以将文字、笔记、R 代码、R 代码计算结果等整合在一起,实现"文学式编程"。首先安装 rmarkdown 包,之后在 RStudio 中即可新建 Markdown 文件,具体菜单如图 A-1 所示。

在新建 rmarkdown 过程中会出现 New R Markdown 界面,选择第 1 个 Document,右侧 Title 等可以输入文件名称、作者,选择最终文件的输出格式,当然这个格式后续也是可以调整的,如图 A-2~A-6 所示。

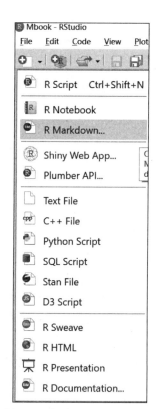

图 A-1 新建 Markdown 文件

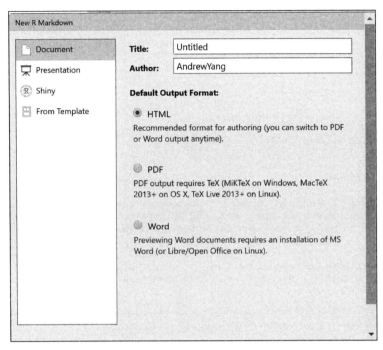

图 A-2　rmarkdown 生成向导

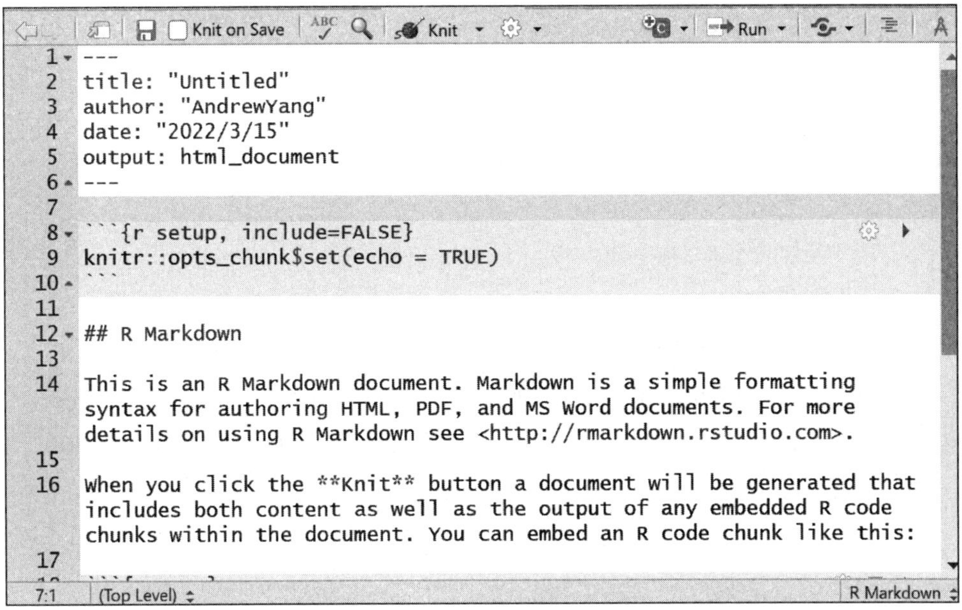

图 A-3　rmarkdown 窗口

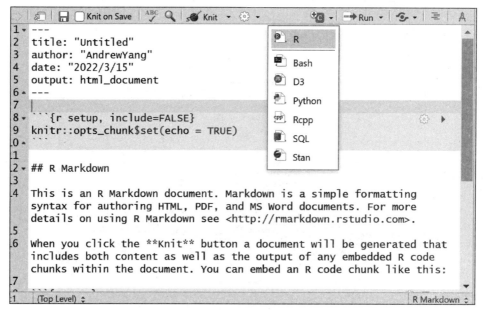

图 A-4　在 rmarkdown 中插入代码块

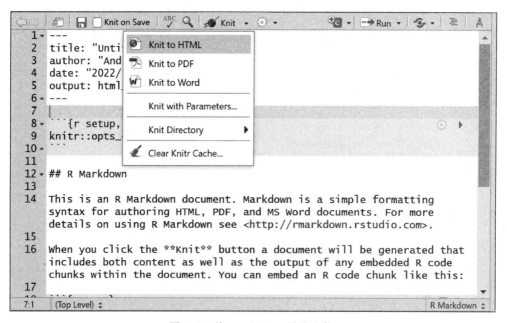

图 A-5　从 rmarkdown 导出文件

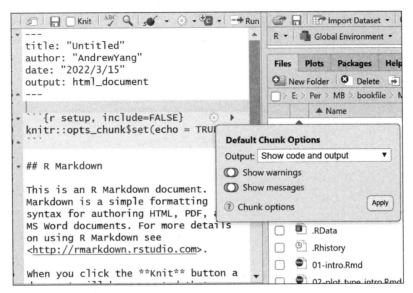

图 A-6　rmarkdown 代码块参数设置

A.2　data.table 包介绍

由于技术的发展,特别是网络技术的发展,现代分析工作中大概率会碰到吉字节级别的数据。当使用 R 处理吉字节级别的数据时效率将会大幅降低。为了提升效率,一般先在数据库中对数据进行处理,但是常常需要输入、导入、导出等 ETF 动作,也是比较烦琐和耗费时间的。

data.table 中提供了行索引、列切片、分组功能于一体的数据处理模型 DT[i,j,by],通过 data.table 中的 fread() 函数可以将数据导入 R 环境,并且格式为数据框及 data.table 特殊存储样式。

data.table 包对于吉字节级别的数据处理能力是非常强悍的,在一定程度上弥补了其他包的不足。由于其语法等独特,读者若遇到数据计算处理瓶颈,建议单独学习。

图 书 推 荐

书 名	作 者
深度探索 Vue.js——原理剖析与实战应用	张云鹏
剑指大前端全栈工程师	贾志杰、史广、赵东彦
Flink 原理深入与编程实战——Scala+Java(微课视频版)	辛立伟
Spark 原理深入与编程实战(微课视频版)	辛立伟、张帆、张会娟
PySpark 原理深入与编程实战(微课视频版)	辛立伟、辛雨桐
HarmonyOS 移动应用开发(ArkTS 版)	刘安战、余雨萍、陈争艳 等
HarmonyOS 应用开发实战(JavaScript 版)	徐礼文
HarmonyOS 原子化服务卡片原理与实战	李洋
鸿蒙操作系统开发入门经典	徐礼文
鸿蒙应用程序开发	董昱
鸿蒙操作系统应用开发实践	陈美汝、郑森文、武延军、吴敬征
HarmonyOS 移动应用开发	刘安战、余雨萍、李勇军 等
HarmonyOS App 开发从 0 到 1	张诏添、李凯杰
HarmonyOS 从入门到精通 40 例	戈帅
JavaScript 基础语法详解	张旭乾
华为方舟编译器之美——基于开源代码的架构分析与实现	史宁宁
Android Runtime 源码解析	史宁宁
鲲鹏架构入门与实战	张磊
鲲鹏开发套件应用快速入门	张磊
华为 HCIA 路由与交换技术实战	江礼教
华为 HCIP 路由与交换技术实战	江礼教
openEuler 操作系统管理入门	陈争艳、刘安战、贾玉祥 等
恶意代码逆向分析基础详解	刘晓阳
深度探索 Go 语言——对象模型与 runtime 的原理、特性及应用	封幼林
深入理解 Go 语言	刘丹冰
Spring Boot 3.0 开发实战	李西明、陈立为
深度探索 Flutter——企业应用开发实战	赵龙
Flutter 组件精讲与实战	赵龙
Flutter 组件详解与实战	[加]王浩然(Bradley Wang)
Flutter 跨平台移动开发实战	董运成
Dart 语言实战——基于 Flutter 框架的程序开发(第 2 版)	亢少军
Dart 语言实战——基于 Angular 框架的 Web 开发	刘仕文
IntelliJ IDEA 软件开发与应用	乔国辉
Vue+Spring Boot 前后端分离开发实战	贾志杰
Vue.js 快速入门与深入实战	杨世文
Vue.js 企业开发实战	千锋教育高教产品研发部
Python 从入门到全栈开发	钱超
Python 全栈开发——基础入门	夏正东
Python 全栈开发——高阶编程	夏正东
Python 全栈开发——数据分析	夏正东
Python 编程与科学计算(微课视频版)	李志远、黄化人、姚明菊 等
Python 游戏编程项目开发实战	李志远
量子人工智能	金贤敏、胡俊杰
Python 人工智能——原理、实践及应用	杨博雄 主编,于营、肖衡、潘玉霞、高华玲、梁志勇 副主编
Python 预测分析与机器学习	王沁晨

续表

书　名	作　者
Python 数据分析实战——从 Excel 轻松入门 Pandas	曾贤志
Python 概率统计	李爽
Python 数据分析从 0 到 1	邓立文、俞心宇、牛瑶
FFmpeg 入门详解——音视频原理及应用	梅会东
FFmpeg 入门详解——SDK 二次开发与直播美颜原理及应用	梅会东
FFmpeg 入门详解——流媒体直播原理及应用	梅会东
FFmpeg 入门详解——命令行与音视频特效原理及应用	梅会东
Python Web 数据分析可视化——基于 Django 框架的开发实战	韩伟、赵盼
Python 玩转数学问题——轻松学习 NumPy、SciPy 和 Matplotlib	张骞
Pandas 通关实战	黄福星
深入浅出 Power Query M 语言	黄福星
深入浅出 DAX——Excel Power Pivot 和 Power BI 高效数据分析	黄福星
云原生开发实践	高尚衡
云计算管理配置与实战	杨昌家
虚拟化 KVM 极速入门	陈涛
虚拟化 KVM 进阶实践	陈涛
边缘计算	方娟、陆帅冰
物联网——嵌入式开发实战	连志安
动手学推荐系统——基于 PyTorch 的算法实现(微课视频版)	於方仁
人工智能算法——原理、技巧及应用	韩龙、张娜、汝洪芳
跟我一起学机器学习	王成、黄晓辉
深度强化学习理论与实践	龙强、章胜
自然语言处理——原理、方法与应用	王志立、雷鹏斌、吴宇凡
TensorFlow 计算机视觉原理与实战	欧阳鹏程、任浩然
计算机视觉——基于 OpenCV 与 TensorFlow 的深度学习方法	余海林、翟中华
深度学习——理论、方法与 PyTorch 实践	翟中华、孟翔宇
HuggingFace 自然语言处理详解——基于 BERT 中文模型的任务实战	李福林
Java＋OpenCV 高效入门	姚利民
AR Foundation 增强现实开发实战(ARKit 版)	汪祥春
AR Foundation 增强现实开发实战(ARCore 版)	汪祥春
ARKit 原生开发入门精粹——RealityKit ＋ Swift ＋ SwiftUI	汪祥春
HoloLens 2 开发入门精要——基于 Unity 和 MRTK	汪祥春
巧学易用单片机——从零基础入门到项目实战	王良升
Altium Designer 20 PCB 设计实战(视频微课版)	白军杰
Cadence 高速 PCB 设计——基于手机高阶板的案例分析与实现	李卫国、张彬、林超文
Octave 程序设计	于红博
Octave GUI 开发实战	于红博
ANSYS 19.0 实例详解	李大勇、周宝
ANSYS Workbench 结构有限元分析详解	汤晖
AutoCAD 2022 快速入门、进阶与精通	邵为龙
SolidWorks 2021 快速入门与深入实战	邵为龙
UG NX 1926 快速入门与深入实战	邵为龙
Autodesk Inventor 2022 快速入门与深入实战(微课视频版)	邵为龙
全栈 UI 自动化测试实战	胡胜强、单镜石、李睿
pytest 框架与自动化测试应用	房荔枝、梁丽丽